Das kulinarische Erbe der Alpen

HONIG
DER ALPEN

Das kulinarische Erbe der Alpen

HONIG DER ALPEN

Johannes Gruber
Dominik Flammer
Sylvan Müller

at VERLAG

Heinz Reitbauer

Restaurant Steirereck, Wien

Der Geschmack jedes einzelnen Honigs verzaubert mich nicht nur, sondern er erinnert mich auch immer wieder an jede einzelne Landschaft, in der er entstanden ist. Wenn ich heute überhaupt etwas von meinen Reisen mitbringe, dann ist es Honig. Denn kein Lebensmittel spiegelt die individuelle Vielfalt und die Natur der einzelnen Regionen besser, als dies der Honig kann. Eine Vielfalt, die wir im ganzen Alpenraum finden und von der wir im Steirereck schon seit einigen Jahren auch in der Küche profitieren. Herbere Honige und «waldigere» sind darunter, eine Vielfalt an Aromen, die wir auch unseren Gästen näherbringen wollen, wenn wir sie die unterschiedlichsten Landschafts- und Sortenhonige degustieren lassen. Denn erst, wenn man die verschiedenen Honige nebeneinander verkostet, werden die unglaublichen Unterschiede spürbar. Beeindruckend ist auch, wie die Honige über die Jahre reifen, dadurch noch mehr Charakter entwickeln und Ecken und Kanten bekommen.

Der Alpenbogen bietet hier eine ungemeine Vielfalt. Johannes Gruber, Dominik Flammer und Sylvan Müller haben sich mit diesem neuen Standardwerk über die Honige des Alpenraums auf die Suche gemacht und sind mehr als fündig geworden. Fünfzig sortenreine Honige bietet dieses Buch. Es handelt sich dabei um Raritäten, die einer einzigen Nektarquelle zugeordnet werden können, um sogenannte monoflorale Honige. Sie entsprechen meist nicht der imkerlichen Realität, oft aber erzählen sie für eine Ernteperiode von der Dominanz einer einzelnen Trachtpflanze. Damit sind auch sie ein saisonales Spiegelbild der Flora einer jeden einzelnen Landschaft. Und davon gibt es im Alpenraum reichlich, nicht zuletzt aufgrund der unterschiedlichen Höhenstufen, die ebenso unterschiedliche Vegetationen zu bieten haben.

Noch wesentlich stärker als beim Wein, wo das Terroir seit Jahrzehnten gefeiert und vermarktet wird, ist der Honig den unterschiedlichen Klimazonen ausgesetzt. Diese Klimaunterschiede – von den kühlgemässigten Zonen im Norden bis zu den heissen und trockenen Zonen im Süden – haben einen grossen Einfluss auf die Bienenflora.

Dieses Buch setzt sich aber ebenso mit den «Landschaftshonigen» auseinander, da die Bienen ja grundsätzlich an einer Vielzahl von Blütenpflanzen sammeln und diese Landschaftshonige von den Imkern in allen möglichen multifloralen Varianten geerntet werden. Das sind genau die Honige, die ich selber gerne von meinen Reisen mit nach Hause bringe. Jeder Landschaftshonig ist ein Unikat: alpenweit einzigartig, weil er der jeweiligen Zusammensetzung der Honigtrachtpflanzen im Flugradius der Bienen von nur vier Kilometern entspricht.

Die Abgrenzung des Alpenraums folgt in diesem Buch in groben Zügen dem Verlauf der Flüsse Po, Donau und Rhone. Von besonderem Interesse sind die Alpenränder, da diese Übergangszonen von vielen Imkern zur Wanderung mit den Bienen in verschiedene Klima- und Vegetationszonen genutzt werden. Dieses Buch porträtiert einige der Vorreiter der alpinen Wanderimkerei, die dafür sorgen, dass die Vielfalt an Honigen breiter wird. Den Imkern, die in ihren Regionen verwurzelt sind, ist es hier überlassen, ihre Landschaftshonige zu beschreiben.

Dieses Buch trägt wesentlich dazu bei, die vorhandene Vielfalt zu erkennen und das Verständnis für die regionalen Unterschiede innerhalb des Alpenraums zu stärken. Denn die Landschaftshonige und auch die im Lexikon der Sortenhonige vorstellten Raritäten zeigen, dass wir mit der Wiederentdeckung unserer regionalen Spezialitäten erst begonnen haben. In diesen einzigartigen Ursprüngen des kulinarischen Erbes der Alpen steckt auch für unsere Küche noch ein enormes Potential.

Die Geschichte des Honigs in den Alpen

Vom Ursprung der alpinen Bienen

Die Bienen sind älter als die Alpen | Von der Wabe im Freien | Waben in Höhlen und Felsnischen | Mehr Vorrat für den Winter | Vom Ursprung der drei europäischen Bienenrassen | Dunkle Biene, Carnica- und Italienische Biene | Die Bienen wandern mit den Pflanzen | Der Mensch und die Wildbiene | Völker plündern und Waben zerstören | Die Domestizierung der Biene | Von der festen zur mobilen Behausung | Der Mensch entdeckt den Wert der Waben

Die Bienen tauchten schon vor etwa 100 Millionen Jahren auf, lange, sehr lange bevor überhaupt die Alpen entstanden. Diese begannen sich erst vor rund 30 Millionen Jahren anzuheben, was im heutigen Alpenraum gleichzeitig zu einem Wandel der bis dahin subtropischen Flora zu einer Vegetation der gemässigten Zone führte. Bauten die Ur-Bienen wie die *Apis dorsata* und die *Apis florea* ihr Brutnest aus nur einer einzigen Wabe im Freien, entwickelten sich vor rund 5 Millionen Jahren Arten, die für ihre Nester den Schutz von Baumhöhlen und Felsnischen bevorzugten. In diesen geschützten Bereichen begannen sich die neuen Bienenarten parallel mehrere Waben und damit auch grössere Vorräte anzulegen. Erst dadurch war es den Bienenvölkern möglich, kalte Winter zu überleben und sich in den nunmehr gemässigten Zonen Europas auszubreiten. Sie waren die Vorläufer der *Apis mellifera,* der Westlichen Honigbiene.

Mit dem Beginn der letzten grossen Eiszeit vor 2,5 Millionen Jahren, als bereits alle tropischen Pflanzenarten – wie etwa die Palmen – aus unseren Breitengraden verschwunden waren, sank die Temperatur im Jahresmittel bis zum Gefrierpunkt. Das subtropische Klima Mitteleuropas wurde durch eine anhaltende arktische Kälte verdrängt, die mehr als eine Million Jahre lang andauerte. Flora und Fauna der Alpen verarmten. Wärmeliebende Arten starben aus oder wurden in mildere und geschütztere Gebiete in den südlicheren Gefilden des Mittelmeerraums abgedrängt oder zogen sich in einige wenige und klimatisch mildere inner- und voralpine Zonen zurück.

Die drei Bienenrassen der Alpen: Dunkle Europäische Biene (links), Italienische Biene (Mitte), Carnica-Biene (rechts).

XXI, 5.
13. Abietineae.
25. Picea excelsa Link.
Fichte, Rot- oder Pechtanne.

Als die grosse Eiszeit vor etwa 12 000 Jahren zu Ende ging, begannen die Pflanzen die Alpen von ihren Rückzugsgebieten her wieder zu besiedeln. Dies hauptsächlich aus den mediterranen Gebieten Italiens, Frankreichs und Spaniens, vereinzelt aber auch von den wenigen inner- und voralpinen Regionen her, wo sie überlebt hatten. Einige Pflanzenarten verbreiteten sich schneller als andere. Abhängig war ihre Wiederansiedlung von ihrer biologischen Konstitution, von ihrer Fähigkeit, sich gegen andere Pflanzenarten durchzusetzen, und von der natürlichen wie von der durch Tiere geförderten Verbreitung von Samen und Früchten.

Erst die Birke, später die Fichte

Das Rennen gewannen die Birken und die Kiefern, bevor sich auch die Hasel in Mittel- und Westeuropa zu vermehren begann. Langsam folgten auch die Eichen, die Linden sowie die Ulmen und die Eschen. Weisstanne und Buche fanden ihren Weg in den Alpenraum erst etwas später. Eine der wichtigsten Trachtpflanzen der Bienen, die Fichte oder die Rottanne, begann sich ebenfalls zu verbreiten; in den Ostalpen war dieser Nadelbaum bereits vor etwa 9000 Jahren heimisch geworden.

Während der Eiszeit waren die Bienen im nördlichen Alpenraum komplett verschwunden. Ebenso in der schmalen eisfreien Zone zwischen den Alpengletschern und dem Nordlandeis, ungefähr der Zone zwischen dem heutigen München und Berlin. Diese Landschaft war mit einer unbewaldeten arktischen Tundra bedeckt – eine Zone, die keinerlei Nistplätze für Bienen bot und diesen das klimatische Überleben verunmöglichte. Ihre wichtigsten Rückzugsgebiete fanden die wärmeliebenden Insekten an den dichtbewaldeten Küsten des Mittelmeers. Dementsprechend entstanden die drei heutigen mitteleuropäischen Bienenrassen in den mediterranen Gefilden südlich der Alpen und der Pyrenäen: die Dunkle Europäische Biene, die Carnica-Biene und die Italienische Biene. Wie alle anderen Bienen verfügen auch diese drei Bienenrassen über erbliche Anlagen, die sich in ihrem jahrtausendealten Überlebenskampf herausgebildet haben. Vereinfacht gesagt: Sie passten sich der sich wandelnden Umwelt und ihren Klimaschwankungen an.

Die drei mitteleuropäischen Bienen

Die Dunkle Europäische Biene, *Apis mellifera mellifera* (Gattung, Art, Unterart), fand als erste den Weg über den Alpenkamm und damit in eine Region, die weit kälter und niederschlagsreicher ist als die Gegend ihres Ursprungs. Dies gelang ihr vor allem dank ihrer erstaunlichen Fähigkeit, sich an nasse Sommer mit kargen Trachten anzupassen. Und dank ihrer ausgeprägten Vorratshaltung übersteht sie lange und kalte Winter besser als ihre mitteleuropäischen Artgenossen.

Die Carnica-Biene, *Apis mellifera carnica*, siedelte sich ursprünglich vor allem in den Südostalpen und im Donauraum an, bevor auch sie mit menschlichem Zutun ihren Weg über die Alpen in den Norden fand. Sie überwintert in kleinen Kolonien und benötigt wenig Winterfutter. Dank einem zeitigen Brutbeginn im Frühjahr kann sie ihre Bruttätigkeit bei ausreichender Versorgung mit Pollen sprunghaft steigern.

Die Fichte ist im ganzen Alprenraum eine der wichtigsten Trachtpflanzen für die Bienen.

Mit noch weit weniger Vorrat als die Carnica-Biene kommt die Italienische Biene, *Apis mellifera ligustica,* aus. Ihr Verbreitungsgebiet ist etwa deckungsgleich mit dem heutigen Staatsgebiet Italiens. Aufgrund des wärmeren Klimas überwintert sie in grossen Kolonien, und dank der annähernd ganzjährigen Verfügbarkeit von Trachtpflanzen – damit von Pollen – setzt sie fast ihren gesamten Futtervorrat in Brut um.

Als der Mensch vor 250 000 Jahren die Bühne der Evolution betrat, gab es die Honigbienen bereits seit langer Zeit. Ihre Beziehung mit den Blütenpflanzen – Nektar im Tausch gegen Bestäubung – war bereits bestens eingespielt. Sehr früh entdeckte der Mensch den Geschmack des Honigs. Um an ihn zu gelangen, ging er ursprünglich mit brachialer Gewalt vor, bevor er seine Sammelmethoden zu verfeinern begann. Dennoch dauerte es lange Zeit, bevor er die Möglichkeiten erkannte, wie sich die Bienen domestizieren liessen, wodurch er die Behausungen und damit auch die Waben der Bienen für die Gewinnung nicht mehr zerstören musste.

Anhand der Schritt für Schritt abnehmenden Zerstörung der Waben lässt sich die Geschichte der Honiggewinnung durch den Menschen sehr konkret nachzeichnen. Plünderte und zerstörte er auf seiner Jagd nach dem begehrten Honig anfänglich die ganzen Bienenbehausungen samt ihrem Inhalt, lernte er erst mit der Zeit, dass ihm die Domestizierung viel Zeit ersparte und eine regelmässigere und immer wiederkehrende Honigernte ermöglichte. So begann er damit, die Bienenschwärme einzufangen und sie in mobilen Behausungen in Siedlungsnähe einzuquartieren. Wesentlich später entwickelten die Imker auch die mobilen Rähmchen, die den Bienen für ihren Wabenbau dienten und die einzeln aus den Bienenbehausungen entnommen werden konnten. Ein weiterer und entscheidender Schritt gelang mit der Erfindung der Honigschleuder, allerdings erst im 19. Jahrhundert, mit der der Honig durch Zentrifugalkraft aus den Bienenwaben gewonnen werden konnte, ohne die Waben zu beschädigen. Mehrere Etappen liegen dieser Entwicklung der Honiggewinnung durch den Menschen zugrunde, vom Sammeln des Wildhonigs aus hohlen Baumstämmen und Felsspalten hin zur modernen Imkerei mit beweglichen Bienenrähmchen.

Mit der im 19. Jahrhundert erfundenen Honigschleuder konnte der Honig endlich gewonnen werden, ohne die Bienenwaben zu zerstören.

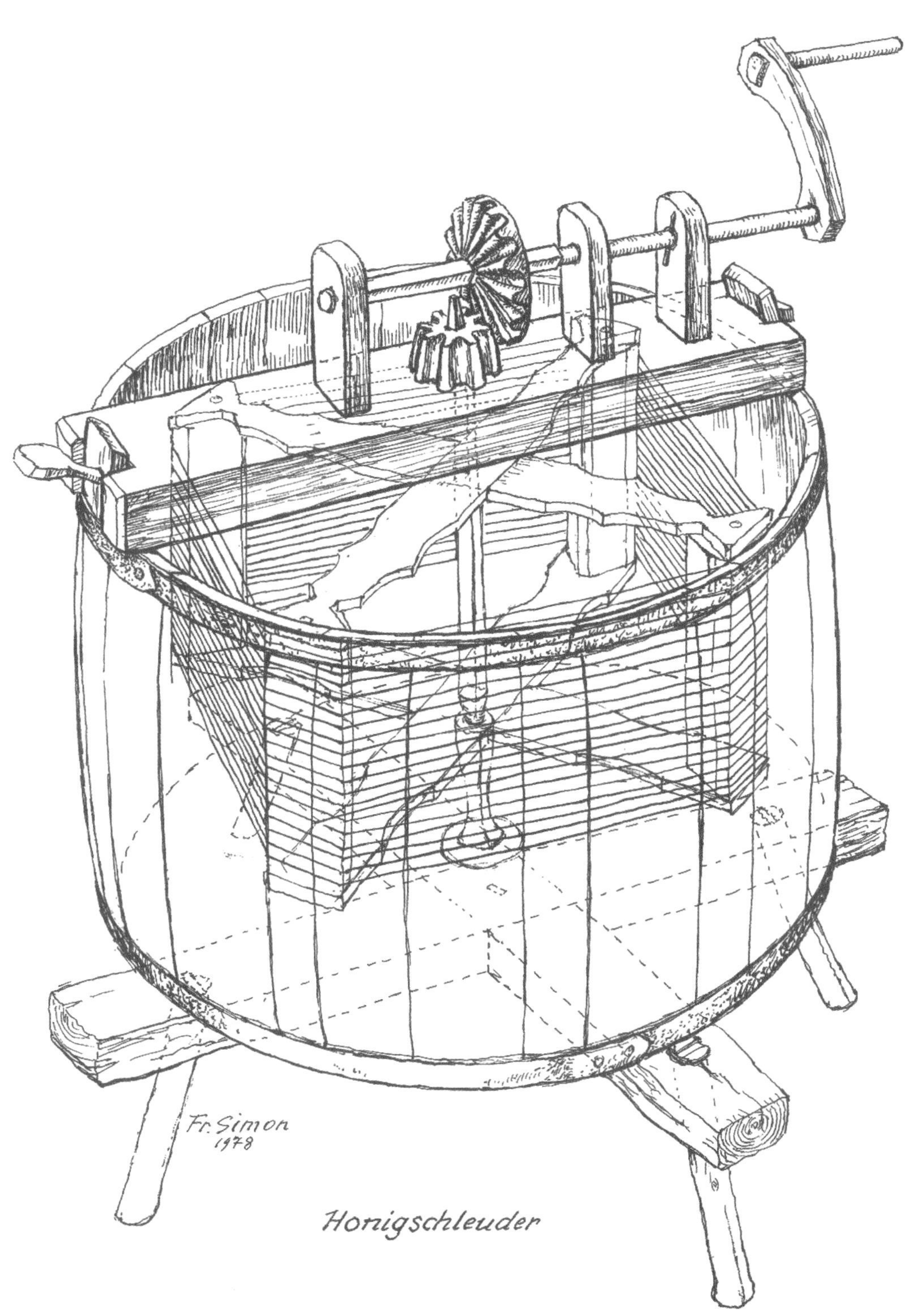

Honigschleuder

Vom Wandel der Bienenbehausungen

Der Honig der Sammler | Zornige Bienen | Vom Beginn der Imkerei | Markierte Baumbehausungen | Honig und Wachs für Karl den Grossen | Der Mensch wird sesshaft und mit ihm die Biene | Die Pflege der Waldbienen | Mobile Bienenwohnungen | Totes Holz und hohle Stämme | Stehende und liegende Klotzbeuten | Bauernkästen für die Alpenbienen | Bemalte Bienenstöcke aus Slowenien | Bienenkörbe aus Weidenruten aus dem Toggenburg | Von den Strohkörben | Von den Sumpa aus der Steiermark | Zeidler und Schwarmimker | Von der Selbstversorgung zur Erwerbs- und Wanderimkerei

Die ersten Bewohner der Alpen lebten vor etwa 85 000 Jahren als Jäger, Sammler und Fischer meist in Höhlen und ernährten sich von dem, was die alpine Natur bot. Sie jagten Tiere oder sammelten Samen, Pflanzen und Früchte. Vermutlich gehörte auch schon Honig zu ihrer Ernährung, den sie gelegentlich in Nestern fanden, die von Bienen in den Hohlräumen von grossen Bäumen oder in Felshöhlen angelegt worden waren. Das weltweit älteste gesicherte Zeugnis vom Menschen als Honigsammler ist allerdings bedeutend jünger und wurde 1921 in einer Höhle nahe der südspanischen Stadt Valencia entdeckt: eine Reihe von perfekt erhaltenen Höhlenmalereien mit Jagdszenen. Eine der sehr filigranen Zeichnungen, deren Alter auf etwa 12 000 Jahre geschätzt wird, zeigt in braunroter Farbe ein feenhaftes Wesen auf einer Leiter. Diese Honigsammlerin trägt in einer Hand ein Gefäss mit einem grossen Henkel und greift mit der anderen in ein Felsloch, während sie von zornigen Bienen umschwirrt wird. Eine zweite Figur klettert weiter unten die Leiter empor. Die kunstvoll ausgeführte Zeichnung vermittelt mit nur wenigen Strichen die Mühsal und die Gefahren, denen sich die steinzeitlichen Honigjäger aussetzten. Bei dieser wohl ältesten Form der Honiggewinnung wird ein Grossteil des Brutnestes zerstört. Es muss von den Wildbienen nach jeder Plünderung durch den Menschen wieder aufgebaut werden.

Mit den einzigartigen bemalten Flugbrettchen zeigten die slowenischen Bienenhalter früher ihren Wohlstand.
Kleines Bild oben: Honigsammlerin, nach einer Höhlenzeichnung.

Tab: I.
Fig. 1
Fig. 2
Fig. 3
Fig. 4
Fig. 6
Fig. 7
Fig. 8
Endner fc. Lips.

Mit dem Ende der grossen Eiszeit begannen sich auch die Lebensbedingungen für die Alpenbewohner grundlegend zu verbessern. Die ersten Bauerngesellschaften drangen vom Vorderen Orient nach Europa und erreichten über das Mittelmeer um das Jahr 6500 vor Christus den Südwestrand der Alpen. Tausend Jahre später hatten sie bereits die übrigen Gegenden des Alpenbogens besiedelt und verdrängten die bereits ansässigen Jäger- und Sammlergesellschaften. Sie hinterliessen das älteste bisher gefundene Bienenprodukt des Alpenraums, nämlich ein Stück Bienenwachs. Dieses stammt aus einer Siedlung im bayerischen Altheim und dürfte aus dem Zeitraum um 3700 bis 3340 vor Christus stammen.

Als der Mensch in der Jungsteinzeit begann sesshaft zu werden und Ackerbau zu betreiben, nahm er auch zusehends die Bienenvölker in seinen Besitz, was dem eigentlichen Beginn der Imkerei gleichkommt. Zwar änderte sich die Beziehung zwischen Mensch und Bienen nur langsam, doch erkannten die ersten Bauern die grosse Bedeutung des Süssstoffes Honig für ihre Ernährung. Bäume, in denen Bienenvölker nisteten, wurden von ihren Entdeckern zum Eigentum erklärt und mit Besitzzeichen markiert. Erst mit der Zeit begannen sie auch Bienenvölker zu fangen und sie in der Nähe von ihren Höfen anzusiedeln. Die ersten Bienenbehausungen bestanden aus Behältern aus Stroh, Weiden oder aus Holz.

Vom alpinen Honighandel

Der älteste Bericht über Honigproduktion und -handel im alpinen Bereich stammt vom griechischen Schriftsteller und Geographen Strabon (63–23 v. Chr.). Er berichtet über den Honighandel mit den Rätern: *«Der größte Teil des Gebirges, besonders in den höchsten Regionen, ist jedoch wild und wegen des Frostes dieser rauhen Landstriche unfruchtbar. Wegen ihres Mangels an Lebensmitteln und anderen Dingen lassen die Bewohner der Alpen jene der Ebene in Frieden, um von ihnen ihre Erzeugnisse zu bekommen. Sie bieten das zum Tausch, wovon sie im Überfluss haben, nämlich Harz, Pech und Kienholz sowie Wachs, Honig und Käse.»*

Nach dem Zerfall des Römischen Reiches und dem Beginn des an Informationen armen Frühmittelalters dauerte es bis 800 nach Christus, bis wieder eine Quelle über den Honig in Mitteleuropa auftaucht. In seinem «Capitulare de villis», seiner Verordnung über die Pflege seiner Landgüter, widmete Karl der Grosse ein ganzes Kapitel der Imkerei. Dieses schrieb allen landwirtschaftlichen Betrieben des Reiches die Beschäftigung von Bienenzüchtern und Metherstellern vor. Eine ihrer Aufgaben war es, Honig und Bienenwachs an den kaiserlichen Hof abzuliefern. Und die Bauern wurden auf die Imkerei verpflichtet, da Adel und Kirche auf deren Erträge als Erbzins schielten.

Ab dem 11. Jahrhundert begannen die Alpenbewohner ihre Siedlungen auszubauen. Aus Weilern wurden Dörfer, aus Dörfern entstanden die ersten hochmittelalterlichen Städte. Das Bevölkerungswachstum liess die Getreidefelder und Weiden bis über die Obstbaumgrenze auf bis zu 1200 Meter über Meer hinaus – in gewissen inneralpinen Gegenden noch höher – anwachsen, wofür immer grössere Waldflächen gerodet werden mussten. Begünstigt

Zeidler nannte man früher die Imker, die den Wald-Bienenhonig sammelten und die für die Kirchen und die Gläubigen auch die Bienenwachskerzen zogen.

durch stabile politische Verhältnisse und eine Erwärmung des Klimas entwickelte sich damit das Landschaftsbild, das heute noch den alpinen Raum prägt. Der Handel über den Alpenkamm hinweg wurde dank neuen Verkehrswegen erleichtert, der Transport von Lebensmitteln und anderen Gütern sogar über grössere Distanzen begünstigt. Auch der Bau zahlreicher Klöster entlang dem Alpennordrand sowie die Erschliessung der höher gelegenen Alpen für die sommerliche Viehhaltung veränderten nicht nur die Lebensbedingungen, sondern auch die Ernährungsgewohnheiten der Alpenbewohner. Gedüngte Wiesen sorgten in Hofnähe für die Versorgung des Viehs. Zusehends wurden auch die gemeinschaftlichen Allmenden mit Obstbäumen bepflanzt. Mus aus Getreide und gedörrtes Obst begannen sich zu den Hauptspeisen der Bevölkerung des Alpenraums zu entwickeln, ergänzt durch die bewährten Milchprodukte, während der Fleischkonsum stetig abnahm. Im klösterlichen Umfeld entstanden landwirtschaftliche Grossbetriebe, von denen auch die Bauern in der Umgebung profitierten. Mönche und Laienbrüder gaben ihr Wissen und ihre Erfahrungen weiter und damit vieles von dem, was nur in Klosterbibliotheken überlebt hatte.

Doch zurück zum Honig: Die Geschichte der Imkerei ist eine Geschichte der Bienenwohnung. Traditionelle Bienenbehausungen sind stets auch kulturgeschichtliche Denkmäler. Verwendet wurden jeweils die Materialien, die zur Verfügung standen. Und gebaut wurde mit den ortsüblich bekannten Techniken, die von benachbarten Regionen und Kulturen beeinflusst wurden. Begann der Mensch erst, die natürlichen Behausungen der Bienen in Bäumen als fixe Standorte zu nutzen, wechselte er langsam hin zur «Beutenhaltung» mit mobilen, künstlich geschaffenen Bienenbehausungen.

Die Arbeit der Siedler

Bei der «Baumbienenhaltung» werden Bienenvölker in Bäumen gepflegt und beerntet. An bestehenden hohlen Baumstämmen, -strünken oder -ästen werden dazu Öffnungen angebracht. Die Bienenschwärme ziehen von selbst in ihre Behausung. Diese Form der Bienenhaltung scheint ein kulturelles Phänomen einiger Völker Osteuropas gewesen zu sein und verbreitete sich von dort nur auf wenige Gebiete in den Nordalpen. Beliebt war die Haltung der Bienen in Bäumen beim Volk der Cheremis-Tartaren, einem finnougrischen Volk, das vor etwa 3000 Jahren am Mittellauf der Wolga lebte. Ein zu jener Zeit mildes Klima sorgte für ein reiches Nektarangebot von Linden und Weiden und damit für beste Lebensbedingungen für Honigbienen. In den urwaldlichen Regionen mit vielen überalterten und hohlen Stämmen standen Nistplätze in grosser Zahl zur Verfügung. Slawische Stämme waren die ersten, die vom Wissen der Cheremis rund um die Haltung der Waldbienen profitierten und dieses an die Germanen weitergaben. Auf sie ist die Arbeit des «Zeidlers» zurückzuführen, wie der Baumimker im deutschsprachigen Raum genannt wird. Seine Arbeit besteht im wesentlichen in der Nestpflege, indem er die Bienenbehausung sowie die darin lebenden Bienen pflegt. Erfahrene Baumbienenhalter suchen die Hohlräume in Bäumen, vorzugweise mehrere Meter über dem Boden, ursprünglich vor allem als Schutz vor Räubern wie den Bären. Zur Entnahme der Honigwaben schaffen sie Öffnungen und sorgen dafür, dass das

Erst dank der Entwicklung mobiler Bienenstöcke begannen die Imkerinnen und Imker ihre Bienen auch auf höher gelegenen Trachtplätzen weiden zu lassen.

37.

Adiuro te mater auiorū p dm̄
regē celorū & p illū redēptorē
filiū dei te adiuro. ut non te
altū leuare. nec longe uolare.
sed quā plus cito potest ad arborē
uenire. ibi te allocas cū omī tua ge
nera. ut cū socu tua. ibi habeo bono
uaso parato. ubi uos ibi in dei no
mine liboretis. & nos in dī nomi
ne luminaria faciamus. in eccla
dī. & p uirtutē dnī nrī ihu
xpi. ut nos non offendat dns
de radio solis. sicut uos offendit
de egalo flos in nomine scē
trinitatis. AM̄.

Ex puer hic florui apud dū carmina scripsi
Inclitus & partus caelesti dogmate fartus
Non peta hec altum uelis et si dicere uerba

Flugloch frei bleibt. Um ihre Besitzansprüche geltend zu machen, markieren sie die Bäume. Hier ist einiges an Erfahrung notwendig, damit die Bienen in diese vom Menschen vorbereiteten Behausungen einziehen und der Zeidler im Herbst die Ernte der Honigwaben einfahren kann.

Ein hohler Baumstamm dürfte es auch gewesen sein, der den Menschen auf die Idee der ersten mobilen Bienenwohnung brachte, indem er ihn in der Nähe einer menschlichen Siedlung platzierte. Lange Zeit blieb ausgehöhltes Holz – vor allem alte Baumstrünke oder auch grosse hohle Äste und Teile von Baumstämmen – der wichtigste Baustoff für Bienenstöcke. Erst im Laufe der Jahrhunderte veränderten sich die Behausungen, abhängig von den verfügbaren Baustoffen und von den technischen Fähigkeiten der Imker. Zum Holz gesellten sich Ton, Rinde, Weidenruten, Stroh oder Holzbretter. Doch welches Material auch immer für den Bau von künstlichen Bienenbehausungen benutzt wurde, setzte die Honigernte lange Zeit immer noch die Zerstörung eines grossen Teils oder des gesamten Wachs- und Wabenbaus der Bienen voraus. Eine besonders radikale Lösung bestand darin, das gesamte Bienenvolk mit Schwefel zu töten, bevor Wachs und Honig geplündert werden konnten. Da die Waben unmittelbar mit der Bienenwohnung verbunden waren, konnte kein Eingriff vorgenommen werden, ohne das Volk zu schädigen.

Ein früher Beweis für die Unterbringung von Bienen in der Nähe von Behausungen ist eine Schwarmbeschwörung aus dem Kloster St. Gallen, um 960 nach Christus verfasst, hier in der deutschen Übersetzung:

Ich beschwöre dich, Mutter der Bienen …
dass du nicht dich in die Höhe erhebest,
noch weit wegfliegest,
sondern dass du so schnell wie möglich zu dem Baum kommest,
dich dort setzest mit deiner ganzen Sippschaft …
Dort habe ich einen guten Behälter bereitet …

Den alten Bienenbehausungen aus hohlem Naturholz haftet bis heute der altertümliche Begriff der «Klotzbeute» an, die vertikal oder horizontal angelegt wurde. Die vertikale Klotzbeute war im Süden des Alpenraums weit verbreitet und dürfte unmittelbar aus der Nutzung von natürlichen Baumwohnungen entstanden sein. Verwendet wurden alle heimischen Holzarten mit Ausnahme von Eiche oder Buche. Ungefähr in der Mitte des Holzklotzes dienten Querhölzer als Basis für den Naturwabenbau der Bienen, eingeschnittene Schlitze bildeten die Fluglöcher. Die nach oben offenen Holzklötze wurden mit einem Brett bedeckt, mit einem Stein beschwert und längs der Hauswand oder unter einem schützenden Vordach eines Stalls aufgestellt. Aus Brettern und aus der Rinde der Korkeiche begannen die Imker, neue Behausungen nach der Form der Klotzbeute zu entwerfen oder auf diese Art auch umgestürzte Fässer oder Bottiche als vertikale Bienenbehausungen zu nutzen.

Ein anderes Vorbild liegt den horizontalen Klotzbeuten zugrunde, dürften diese doch auf Bienenbehausungen zurückzuführen sein, die von den Insekten in Erdhöhlen angelegt worden waren. Behausungen, wie sie in wald-

Diese Zeichnung gehört zum St. Galler «Bienensegen», der ältesten erhaltenen Bienenbeschwörung Mitteleuropas.

armen Gegenden Südeuropas weit verbreitet waren. Die alten Ägypter hatten die Struktur dieser natürlichen Behausungen für ihre eigenen Zwecke entdeckt und damit begonnen, sie in Form von Tonröhren nachzubauen. Südlich der Alpen blieb man der Nutzung des Holzes treu und legte hohle Holzklötze auf den Boden. Eine Technik, die sich erst ab 400 nach Christus mit dem Eindringen von slawischen und germanischen Völkern zu verändern begann und die durch aufrechte Klotzbeuten, Fässer und Strohkörbe verdrängt wurde. Vielfach jedoch lebten diese Traditionen und Techniken der Bienenhaltung noch lange Zeit nebeneinander und begannen auch, sich zu vermischen.

Eine Weiterentwicklung der liegenden Hohlklötze ist der aus Brettern gefertigte Bauernkasten, ein in vielen verschiedenen Varianten existierendes und für die Alpen so typisches Kulturgut der Imkerei. Einige dieser Bauernkästen erinnern an Bienenwohnungen, die schon der römische Schriftsteller Columella beschrieben hat. Mit Querhölzern wird in diesen Kästen der Wabenbau stabilisiert. Bei der Ernte wurde nur ein Teil der Waben, meist bis zu den Querhölzern, entnommen. Aufgestellt wurden die Bauernkästen in eigens dafür errichteten Bienenhütten, die südlich des Alpenhauptkamms vom Kärntner Drautal über Slowenien bis ins Schweizer Waadtland verbreitet sind. Die Grenzen zwischen diesen unterschiedlichen Strukturen der mobilen Bienenbehausungen verlaufen fliessend. Im Süden stösst der Bauernkasten an die Klotzbeuten Norditaliens, im Norden des Alpenraums trifft er auf die Strohkörbe.

Weidekörbe verdrängen Strohkörbe

Der slowenische Typ des Bauernkastens ist von besonderem Interesse, eine innovative und sinnvolle Weiterentwicklung der Bienenhaltung, die auf Anton Janscha zurückzuführen ist, den wohl bekanntesten slowenischen Imker. Der 1734 geborene Bienenexperte entwickelte den horizontalen Bienenstock weiter und hielt dies in einem 1771 publizierten Buch fest, als er sich bereits «Kaiserlich-Königlicherer Lehrer der Bienenzucht zu Wien» nennen durfte und im Kaiserreich als die Koryphäe der Imkerei galt. Seine Weiterentwicklung bestand im wesentlichen aus einer zweiten Etage, dem sogenannten Honigraum. Der konnte bei wachsender Grösse des Bienenvolks auf den Brutraum aufgesetzt werden. Durch die dadurch mögliche Trennung von Brut- und Honigwaben konnte der Imker des frühen 19. Jahrhunderts die Honigwaben entnehmen, ohne dabei die Brut des Bienenvolks zu zerstören. In Janschas Heimat Slowenien genoss die Imkerei einen sehr hohen Stellenwert, was sich auch in der Zeit von 1750 bis 1900 in einer speziellen Form der Volkskunst manifestierte, nämlich der Bemalung von Bienenstöcken, mit der ihre Besitzer öffentlichkeitswirksam ihren Wohlstand kundtaten. Ausgehend vom slowenischen Gorenjska breitete sich dieser Brauch auch in das benachbarte österreichische Kärnten und in die Steiermark aus. Viele der Bildmotive zeigten entweder Tiere in menschlicher Gestalt, oder sie befassten sich in metaphorischer oder satirischer Art auch mit religiösen Themen.

Der Alpenraum beherbergt die unterschiedlichsten Formen von Bienenstöcken.
Kleines Bild oben: Für diesen figürlichen Bienenstock aus Slowenien wurde ein ottomanischer Soldat als Vorlage gewählt.

Der Bär als Honigdieb ist bei den nur in Slowenien bekannten bemalten Flugbrettchen ein gern gewähltes Sujet.

Wie wichtig die in der Land- und Waldwirtschaft vorhandenen Materialien für technischen Lösungen sind, zeigen die unterschiedlichen Techniken, mit denen Körbe für die Bienenhaltung hergestellt wurden. Einerseits der Korb aus Weidenruten, anderseits der Korb aus Roggenstroh. Aus Weidenruten wurden kleine Rundhäuser geflochten, die mit Lehm oder Kuhdung abgedichtet wurden. In einigen Gegenden der Alpen wie der Nordostschweiz verdrängten diese Weidenkörbe die bereits verwendeten Strohkörbe.

Der steirische Sumpa

In Gebieten mit Getreidebau war insbesondere im Voralpenraum und in den tiefer liegenden alpinen Tälern vor dem Aufkommen der modernen Bienenzucht der Strohkorb die am weitesten verbreitete Bienenbehausung. Er bot mehrere Vorteile: Er war leicht zu handhaben und ermöglichte dem Imker einen Blick ins Innere des Bienennests. Einzelne Waben liessen sich leicht ausbrechen, ohne das Brutnest zu zerstören. Zudem schützte das Stroh die Bienen vor der Winterkälte. Verstärkt wurden die Körbe durch Hilfsmittel wie zugeschnittene Wurzeln oder Äste. Aufgestellt wurden sie wie die Klotzbeuten entlang den Bauernhäusern oder auch in überdachten Bienenhütten. Typisch für die Korbbienenzucht ist, dass die Schwärme vermehrt werden, wofür man schwächere Völker verwendete, während starke und viel Honig produzierende Völker «abgeerntet» wurden. Auch bei dieser Technik wurden die Bienen vielfach getötet, um an den Honig zu gelangen. Die Korbimkerei zwang die Bienen, den Wachsbedarf immer wieder neu zu erzeugen und die Waben ohne vorgefertigte Holzrähmchen und Wachsplatten vollständig zu errichten. Die Imker sprechen dabei von Naturwabenbau.

Eine besondere Variante des kunstvoll geflochtenen Strohkorbes – des Sumpa – ist in der Oststeiermark verbreitet: ein Korb, bei dem nicht das geringste Hilfsmittel verwendet wird und der ausschliesslich aus Roggenstroh besteht. Zeugnis darüber legt ein Imker aus der Zwischenkriegszeit ab: «*In der Oststeiermark war der Obstbau wegen des günstigen Klimas stark im Kommen. Bienen gab es bei jedem Kleinbauern auf den Hügeln und auch bei einigen Talbauern. Die Bienen waren im ‹Sumpa› (Strohkorb) untergebracht und hatten ihren Platz an der Hauswand unter dem weit ausladenden Strohdach. Bei den neuartigen Ziegelhäusern war unter dem Dach kein Platz, die Bienenkörbe standen auf der Bienenbank im Obstgarten. Dazu wurden Pflöcke eingeschlagen und Stangen daran befestigt. Die Körbe wurden daraufgestellt, mit Stroh abgedeckt und mit einem Fassreifen befestigt. Grössere Imker, die bereits mit mobilen Bienenstöcken arbeiteten, gab es in der Zeit zwischen den beiden Weltkriegen in der Oststeiermark nur vereinzelt. Andere Regionen waren hier bereits viel weiter. Die Bienenhaltung war extensiv: Die Tätigkeit des Imkers bestand darin, Schwärme zu fangen, sie in Strohkörben unterzubringen und sie dann auf die Bienenbank zu stellen. An bestimmten Lostagen wurde geerntet. Es wurden Honigwabenstücke herausgeschnitten und in Töpfen erhitzt. Der durch Erwärmen und Pressen gewonnene Honig wurde zu Met und das Bienenwachs zu Kerzen verarbeitet. Gefüttert wurden die Bienen im Spätherbst nicht. Als die ersten ‹Lebzelter› (gewerbliche Honigeinkäufer) auftauchten, war die Ernte von einzelnen Waben zu Ende. Die Lebzelter fuhren mit ihren Pferdewagen von Haus zu Haus und feilschten um die schwersten Bienenkörbe. War man handelseins geworden, wurden die*

Diese Zeichnung der unterschiedlichen Honigkörbe stammt aus dem österreichischen Burgenland.

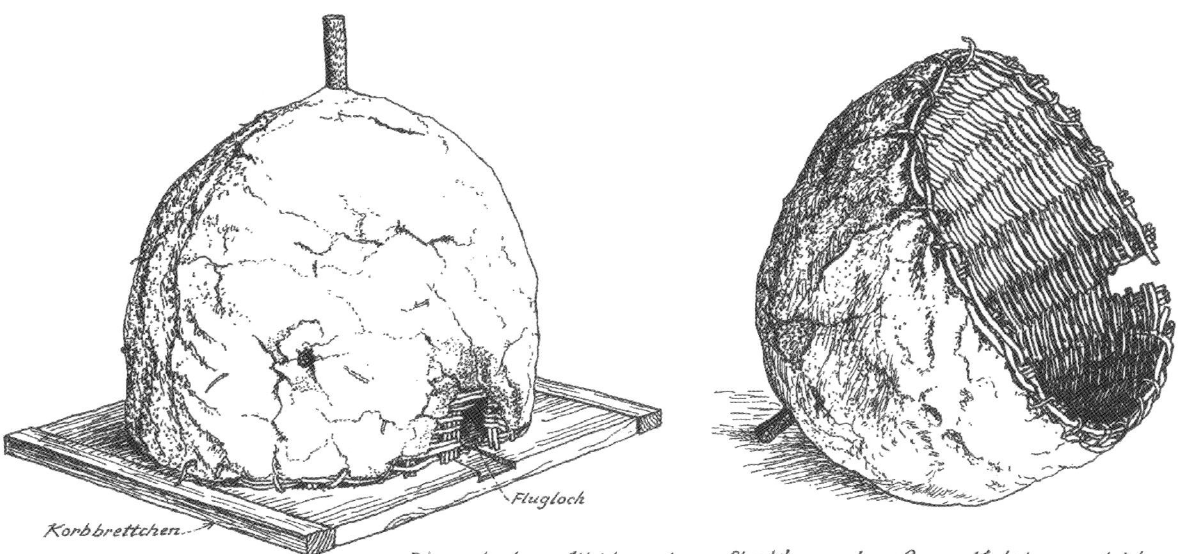

Bienenkorb aus Weidenruten geflochten und außen mit Lehm verstrichen
(aus Unterwart)

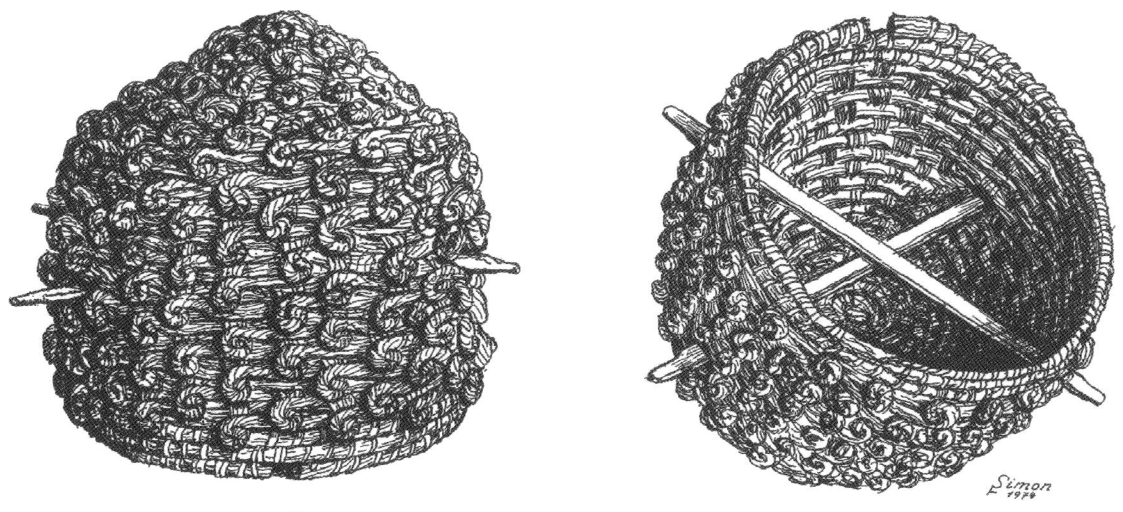

Bienenkorb aus Roggenstroh (mit Zierknöpfen)
(aus Weinberg)

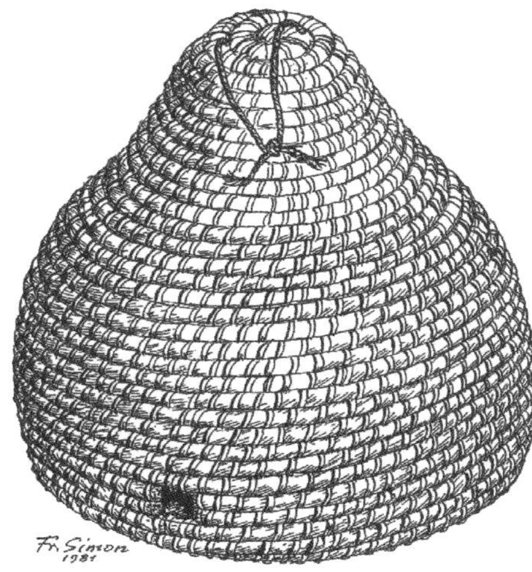

Bienenkorb (6) aus Unterwart

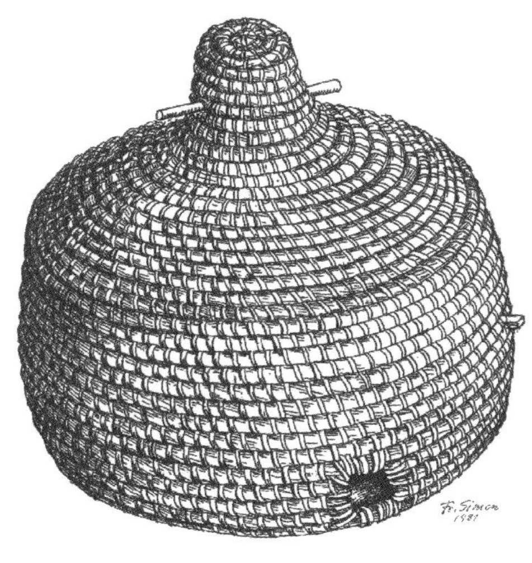

Bienenkorb (4) aus Unterwart

Bienen mit Schwefelrauch abgetötet und der gesamte Inhalt des Bienenkorbes mit Honigwaben, Brut und toten Bienen in die mitgebrachten Holzbottiche gestopft. Zurück in ihren Werkstätten wurde das Gemisch dann zu Met und Bienenwachs verarbeitet. Eigene Honigschleudern besaßen nur die fortschrittlichen Imker.»

Über Jahrhunderte war die Bienenhaltung in den Alpen ein Nebengewerbe. Sie diente vorwiegend der Selbstversorgung. Die traditionellen Formen der Bienenbehausung hielten sich in einigen alpinen Tälern bis weit ins 20. Jahrhundert. Die Betriebsweisen waren je nach Gegend und Geographie, sehr unterschiedlich.

Grössere Imkereibetriebe mit modernen Bienenbehausungen siedelten sich meist an den Alpenrändern an und nutzten häufig moderne Transportmittel, um ihre Bienen zu den Wanderständen in die unterschiedlichen Klimazonen zu bringen. Wirtschaftlich erfolgreiche Vollerwerbsbetriebe im Bereich der traditionellen Bienenhaltung gab es jedoch auch in Gebieten, in denen der horizontale Bauernkasten verbreitet war. Der Bauernkasten bot gleich mehrere Vorteile: Die Behälter konnten einfach und billig aus Holzbrettern gefertigt und die jungen Völker im Frühjahr gleich mit ihnen verkauft werden. Auch erleichterte diese Betriebsweise mit den leichten und stabilen Holzkisten die Bienenwanderung. Was im alpinen Raum von Nutzen war, bot doch die Ost-West-Erstreckung vieler südalpiner Täler mit der Schneeheide (lat. *Erica carnea)* bereits im Frühjahr eine ergiebige Trachtpflanze. Die Imker brachten ihre Kästen dorthin, wo sie sich eine ertragreiche Frühjahrsernte versprachen.

Holzrähmchen: die Revolution im Bienenstock

Der Übergang von der herkömmlichen Bienenhaltung mit den traditionellen Bienenbehausungen hin zu modernen, innovativen und technisch ausgefeilteren Behausungen und Honiggewinnungsarten erfolgte allmählich. Dennoch existierten in vielen Regionen traditionelle Imkertechniken und moderne Bienenbewirtschaftungen nebeneinander. Und dies auch noch lange, nachdem Mitte des 19. Jahrhunderts die entscheidenden und heute das gesamte Imkerwesen dominierenden mobilen Rähmchen für den Bienenstock entwickelt worden waren. Die Idee war zwar bereits im antiken Griechenland geboren worden, doch erst zweitausend Jahre später wurde sie auch umgesetzt und perfektioniert. Entscheidend für diese Entwicklung war Lorenzo Langstroth, der 1851 eine moderne Bienenbehausung mit beweglichen Holzrähmchen entwickelte und sie 1853 in den USA als Patent anmeldete. In einer Publikation beschrieb er seinen Bienenstock ausführlich. Wesentlich für eine effiziente Arbeit mit den Bienen war die Einführung des sogenannten Bienenabstandes. Freiräume von weniger als sieben Millimeter werden von Bienen instinktiv mit Knospenkittharz, jene über neun Millimeter mit Bienenwachs geschlossen. Abstände von sieben bis neun Millimeter lassen sie jedoch frei von Verbauungen, so dass der Imker die vollen Honigwaben entnehmen kann. Auch wenn es weltweit immer wieder Diskussionen über Langstroth' Entdeckung und dabei insbesondere über die optimale Form, Grösse oder auch über den Abstand gab, setzte sich dieses Prinzip allüberall durch. Denn es ermöglicht den Imkern, pro Bienenvolk wesentlich grössere Honigmengen zu ernten.

Bienenzüchter im steirischen Unterthal um 1930.
Kleines Bild oben: Die vom amerikanischen Prediger Lorenzo Langstroth entwickelten beweglichen Bienenrähmchen ermöglichten grössere Honigernten.

Stattliches und bunt verziertes Bienenhaus im slowenischen Mojstrana um 1904.

MIELE MONTE ROSA PURO
dell'APICULTORE BERTOLI GIACOMO
IN
E
BREVETTATO
UMBERTO I°
APIARIO
DALLE IMITAZIONI E FALSI-
RICHIEDERE SEMPRE LA
DELL'APICULTORE BERTOLI G.

Die Wertschätzung des Honigs

Von der Farbe des Honigs | Reine Luft und warmes Wetter | Honig aus Narbonne | Vom besten Lindenhonig | Erste Alpenhonige | Vom Honigbetrug | Mit Mehl vermischt | Barbarische Verfahren | Honigwein statt Rebensaft | Honig aus Chamonix | Vom Streit der Appenzeller mit den Bündnern | Ein visionärer Imker | Im eigenen Honigglas | Aus unberührter Natur | Zäsur in der Wertschätzung | Heimische Zuckerrüben statt exotisches Zuckerrohr | Preiszerfall des Zuckers | Anstieg des Zuckerkonsums

Ab dem Ende des 18. Jahrhunderts finden sich ausführliche Beiträge über Honig in allen grossen Enzyklopädien des deutschsprachigen Raums. Im 25. Kapitel der «Oekonomisch-technologischen Enzyclopädie» von Johann Georg Krünitz aus dem Jahre 1790 wird dem Honig viel Platz eingeräumt. Honig ist bei Krünitz noch sächlichen Geschlechts und wird als «das Honig» bezeichnet. Der Text illustriert die Honigvorlieben seiner Zeit und zeigt anschaulich, wie dieser bewertet und gehandelt wurde: «*... alle Honige werden ihrer Farbe nach, in das gemeine braune, röthliche, gelbe und weisse Honig unterschieden. Das letztere, oder das weisse Honig wird insbesondere in Polen, Litauen, Preussen, Russland und den angränzenden Länden häufig gefunden, und von den Einwohnern in ihrer Sprache Lindenhonig genannt. Es hat dasselbe, in Ansehung seiner weissen Farbe, des lieblichen Geruches nach Lindenblüthe, und des überaus balsamischen Geschmackes, vor allen übrigen den Vorzug. In Griechenland befindet sich das Gegentheil, wo das gelbe Honig dem weißen vorgezogen wird. Gelblich ist der Honig, wenn es von alllerley Arten von Blumen, insonderheit von Rübsen, Cichorien, Kornblumen und weissen Klee gesammelt worden ist. Braungelb ist das Honig im Sommer bey großer Hitze, und wenn die Bienen viel vom Buchweitzen eintragen. Röthlich ist endlich der Herbsthonig vom Heidenkraute. Eben diese Farbe ist es, welche dem Honig in den verschiedenen Ländern einen Unterschied, und auch im Handel einen mehrern oder geringern Werth gibt. Das französische Honig aus der Provinz Languedoc, welches man eigentlich narbonnisches Honig nennt, ist beynahe ganz weiß, und hat einen vortrefflichen, gewürzhaften Geschmack. Ein gleiches gilt von dem portugiesischen Honige ...*

Giacomo Bertoli aus dem norditalienischen Aostatal war der erste Imker, der das Produkt seiner Bienen als Landschaftshonig zu vermarkten begann.

ÖSTERR. IMKERBUND

Hier zu haben

Das Honig fällt daher immer schlechter in Ländern, wo an Blumen und honigreichen Blüthen kein Ueberfluß ist, und wo die Bienen sich aus allerlei Gewächsen ihre Nahrung suchen müssen, so daß manches beynahe schwärzlich aussieht.»

Krünitz hat auch eine genaue Vorstellung davon, was guten Honig ausmacht: *«Die Güte des Honigs kommt auf unterschiedliche Umstände an. Wenn nämlich gutes Honig fallen soll, so muß die Luft rein und warm seyn; denn wir sehen, daß das Honig, welches in warmen Ländern gemacht wird, z. B. in Portugal, Languedoc, Dauphiné etc. gemeiniglich weit besser ist, als dasjenige, welches in temperirten oder kalten Ländern gemacht worden ist ... Ueberhaupt aber muß das beste Honig süß, scharf, von lieblichem Geruche, weiß oder wenigstens hellgelb, nicht wässerig oder flüssig, aber auch nicht zäh, schwer, aber doch rein und durchsichtig seyn ...»*

Was guter Honig ist

Im nachfolgenden Kapitel gibt die «Oekonomisch-technologische Enzyclopädie» auch einen guten Überblick über die Beschaffenheit und Herkunft des Honigs sowie den Honighandel dieser Zeit: *«Das weisse Honig, welches das schönste, beste und annehmlichste von Geschmacke ist ... wird narbonnisches Honig, Fr. Miel de Narbonne, genannt. Es muß frisch, dick und körnig, weiß und hell, von lieblich süßem und gewürzhaftem Geruche, und süßem scharfem Geschmacke, seyn. Außer diesem ... wird in Frankreich auch noch an anderen Orten, in Languedoc, Dauphiné und Provence sehr gutes und ebenfalls weisses Honig gewonnen. Nächst dem narbonnischen Honige, wird das aus Polen, Litauen, Rußland und Preussen kommende Honig für das beste gehalten, und mit demselben, vornehmlich dem weißen oder Lindenhonige, ein starker Handel über Danzig, Breslau und Königsberg, nach Hamburg und Holland getrieben.»*

Etwa ein Jahrzehnt später übernimmt Johann Georg Friedrich Jacobi in seinem «Allgemeinen Waaren-und Handlungslexicon» vieles von Krünitz. Er führt erstmals honigerzeugende Länder in den Ostalpen an und nennt die Steiermark, Kärnten und die heute zu Slowenien gehörende Krain – die damals noch ein selbständiges Herzogtum war. Die grossen europäischen Honigmärkte jener Zeit sind Holland, Hamburg, Bremen, Wien, Salzburg, Nürnberg, Triest und Strassburg. Jacobi hat eine klare Vision von gutem Honig: *«Er muß süß, schwer, hartkörnig und frischen angenehmen Geruchs und noch nicht säuerlich oder gährend seyn.»* Und Jacobi warnt als erster vor Honigbetrug, *«indem um die Schwere zu vermehren, öfters Mehl eingemischt ist, und um den verdorbenen Geruch zu verbessern, Rosmarinsträusse eingelegt sind»*. Über die Verwendung von Honig ist im «Allgemeinen Waaren-und Handlungslexicon» zu lesen: *«Der Gebrauch des Honigs ist mancherlei. In der Haushaltung ist er sehr nützlich, und vertritt füglich die Stelle des Zuckers. Man macht daraus einen guten Trank, nämlich den Meth und die allgemeine Confectware, die Honig-, Pfeffer- oder Lebkuchen ... In den Apotheken ist der Honig unentbehrlich, und wird zu sehr vielen Präparaten angewendet.»* Die von Jacobi angesprochene Praxis, Honig mit Rosmarinblüten und anderen Zutaten zu «verfeinern», ist übrigens auch heute noch anzutreffen. Aber nur selten verwenden Imker dafür ihre besten Honigchargen ...

Honig-Werbeplakat aus Österreich, 1930er Jahre.

Einen ausführlichen Überblick über Honigmoden und den europäischen Honighandel zu Beginn des 19. Jahrhunderts gibt die «Allgemeine Encyclopädie der Wissenschaften und Künste» von 1818. Das Buch verschafft auch Aufschluss über die Gründe, warum die Honige der nördlichen Alpenregionen gegenüber den grossen Produktionszonen an Bedeutung verlieren und ins Hintertreffen geraten. Nämlich weil *«das barbarische, die Bienenzucht ganz niederhaltende Verfahren sehr häufig beobachtet wird, dass Apotheker ... schwere, gute Bienenstöcke in den Körben noch im Herbste kaufen, die Bienen mit Schwefel töten, und dann mit Gemächlichkeit den Honig und das Wachs ausnehmen. So können sich die Bienen nicht vermehren, indem immer die schwersten Stöcke vertilgt werden.»* Weiter wird der Preisverfall des Honigs durch Zuckerimporte beklagt, *«... besonders in neuester Zeit, wo der wohlfeile westindische Zucker und der einheimische Runkel-, Ahorn- und Kartoffelzucker ... die Preise des Honigs sehr herabgedrückt haben».*

Die «Allgemeine Encyclopädie» führt noch einen weiteren Grund für die geringe Verfügbarkeit von Honig aus den Alpen an: *«Auf dem Schwarzwald und in anderen gebirgigen Gegenden, von Kärnthen, Steiermark und dgl., wo wenig oder kein Wein aus Weinstöcken gewonnen werden kann, beschäftigt man sich auch mehr mit der Verwandlung des Honigs in Honigwein, und mit dem Producieren und Vertriebe dieser Waare.»* Zwischenzeitlich erobern neue Exportländer die Honigmärkte: *«Der ungarische geht jährlich zu vielen hundert Centnern nach Preßburg, Fiume und Bucari; dieser wird überhaupt für vorzüglicher gehalten als der polnische und russische Honig ... Die Landschaften am schwarzen Meere lieferten von jeher vielen Honig nach Konstantinopel. Den Honig aus der Krim hielt man sonst daselbst für den vorzüglichsten wegen seines überaus süßen, lieblichen und aromatischen Geschmacks.»*

Der berühmte Honig aus Chamonix

Vereinzelt finden sich auch Stimmen, die eine Lanze für den Honig aus den Alpen brechen, etwa der Buchhändler und Schriftsteller Johann Georg Heinzmann in seiner «Beschreibung der Stadt und Republik Bern» aus dem Jahre 1794: *«Es wäre ferner wichtig, ... wenn die Bienenzucht in den Alpen mehr ausgebreitet würde. Da man den Honig von Chamouni* (gemeint ist wohl Chamonix in Savoyen) *dem besten Narbonnehonig vorzieht, so ist es sehr leicht einzusehen, dass man in unseren Alpen ebenso trefflichen Honig ziehen könnte ...»*

Der Geistliche und Naturforscher Johann Rudolf Steinmüller schreibt 1804 in seiner «Beschreibung der schweizerischen Alpen- und Landwirthschaft»: *«Appenzeller Honig ist von einer vorzüglichen Güte, hat eine ganz feuergelbe Farbe, zieht, wenn man ihn am Messer in die Höhe hebt, lange Fäden und wird, wenn man ihn stehen lässt, in kurzer Zeit kandirt.»* Hingegen stehe der Bündner Honig dem Appenzeller Honig weit nach. Er sei *«... ganz weiß, zieht keine Fäden und wird nicht kandirt, wenn er auch schon dick ist ...»* Da abgesehen von höherem Anteil an Alpenrose, der für den weissen Honig verantwortlich ist, die alpine Bienenflora in beiden Gebieten ähnlich ist, sieht Steinmüller die Ursache für den Qualitätsunterschied in der unterschiedlichen Art der Honiggewinnung. Während die rückständigen Bündner die

Preisliste aus dem Jahr 1911 der Familie Rothschütz, die mit Imkerei-Zubehör handelte.

Preise in Kronen.

Krainer

Handelsbienenstand

(H. Ravenegg)

zu Weixelburg in Krain

Adresse für Briefe und Telegramme: Bienenstand Weixelburg

(1866 von Baron Rothschütz gegründet)

Eigene Bienenstände, Kunstwabenfabrik,
Werkstätten zur Anfertigung von Maschinen und Geräten.

Diese Preisliste ist im Auszuge auch in französischer, ungarischer, böhmischer, polnischer und kroatischer Sprache erschienen.

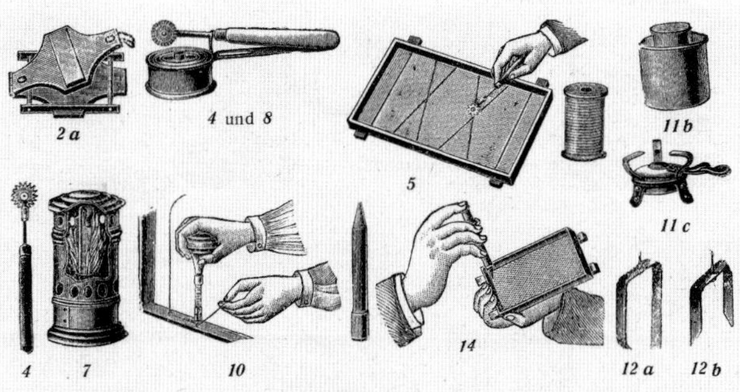
2 a, 4 und 8, 5, 11 b, 11 c, 4, 7, 10, 14, 12 a, 12 b

Geräte u. Zubehör zur Anfertigung von Kunstwaben.

Nr. | Preis

1 **Lötwachslicht,** flüssig, präpariert zum raschen Abtropfenlassen, als das **sicherste, naturgemäße u. billigste Befestigungsmittel** der Kunst- und Naturwaben an die Rähmchenteile, 3 cm dick, für 50—70 Rähmchen —·70
2 **Anlötungsklemmer** für Rähmchen, zur Anlötung von Kunstwaben in rechtwinkliger Stellung, praktisch:
a) aus Holz (460 g) . . . . 1·—
b) aus verzinntem Eisen (620 g) . . . . 1·30
3 **Wachslöter „Fix“** mit Fußgestell und dem Lötlicht Nr. 1 . . . . . 1·—
4 **Spornrollrad** zum Andrahten der Kunstwaben, mit doppelt gezahntem feinen Messingrad, welches auf Nr. 8 erwärmt wird . . —·75
5 **Feindraht,** verzinnt, zum Andrahten der Kunstwaben, 1 Ring . . . —·15
6 **Spitzbohrer** oder Pfriemen zum Andrahten der Kunstwaben . . . —·15
7 **Wabenschwefler** für Salpeterlunten, Schwefellappen usw. zum Betäuben der Bienen oder Schutz der Waben gegen Motten. . . . . 1·50
8 **Spirituslampe** zur Erwärmung von Nr. 4 . . . . —·50
9 **Klammern** zur Befestigung des Feindrahtes, 250 Stück . . . . . . —·15
10 **Klammerndrücker,** federnd, zur sofortigen Eindrückung von Nr. 9 . —·80
11 a **Spirituslötlampe** Nr. 11 c mit Doppelkübelaufsatz Nr. 11 b . . . . 2·20
11 b **Doppelkübelaufsatz** auf Nr. 11 c zum Wachszerlassen; der äußere Kübel als umhüllender Wasserbehälter, der innere zur Aufnahme des zu zerlassenden Wachses . . . . 1·30
11 c **Lötlampe** allein, auch für Ankochung und Anwärmung aller flüssiger Nahrungsmittel . . . . 1·—
14 **Anlötungsrohr** zur Kunstwabenbefestigung in die Rähmchen, nach Heidenreich, mit Gebrauchsanweisung . . . . —·40
12 a **Wabenheftklammern,** nicht rostende, zur Befestigung der Kunstwaben an den Rähmchenoberteilen, 100 Stück . . . . —·55
12 b dto. zur winkelrechten Befestigung a. d. Rähmchenseitenteilen, 100 St. —·50
13 **Wabenklammern** zur Befestigung der Brut- und Honigwaben oder der leeren Naturwaben bei der Überlogierung, 50 Stück . . . —·60

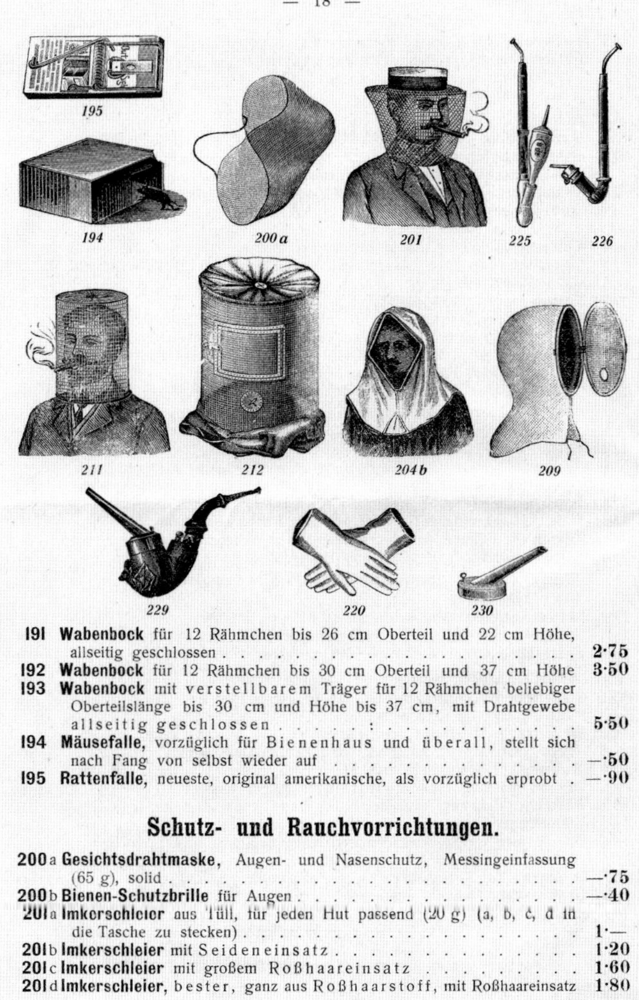
195, 194, 200 a, 201, 225, 226, 211, 212, 204 b, 209, 229, 220, 230

191 **Wabenbock** für 12 Rähmchen bis 26 cm Oberteil und 22 cm Höhe, allseitig geschlossen . . . . 2·75
192 **Wabenbock** für 12 Rähmchen bis 30 cm Oberteil und 37 cm Höhe 3·50
193 **Wabenbock** mit verstellbarem Träger für 12 Rähmchen beliebiger Oberteilslänge bis 30 cm und Höhe bis 37 cm, mit Drahtgewebe allseitig geschlossen . . . . 5·50
194 **Mäusefalle,** vorzüglich für Bienenhaus und überall, stellt sich nach Fang von selbst wieder auf . . . . —·50
195 **Rattenfalle,** neueste, original amerikanische, als vorzüglich erprobt . —·90

Schutz- und Rauchvorrichtungen.

200 a **Gesichtsdrahtmaske,** Augen- und Nasenschutz, Messingeinfassung (65 g), solid . . . . —·75
200 b **Bienen-Schutzbrille** für Augen . . . . —·40
201 a **Imkerschleier** aus Tüll, für jeden Hut passend (20 g) (a, b, c, d in die Tasche zu stecken) . . . . 1·—
201 b **Imkerschleier** mit Seideneinsatz . . . . 1·20
201 c **Imkerschleier** mit großem Roßhaareinsatz . . . . 1·60
201 d **Imkerschleier,** bester, ganz aus Roßhaarstoff, mit Roßhaareinsatz 1·80

313, 316, 336, 301, 302, 327, 340, 345, 331, 341, 324, 326, 347, 334

Freischleuder „Ultra“ (Rothsch. 1902) mit niedrigem Kübel und offenem, von oben leicht zugänglichem herausnehmbaren Zentrifugentrichter usw. für:
301* 1 bis **4 Rähmchen** beliebig bis **24** cm hoch und beliebige Oberteilslänge bis **30** cm . . . . 35·—
302* 1 bis **4 Rähmchen** beliebig bis **34** cm hoch und beliebige Oberteilslänge bis **30** cm . . . . 39·—
303 a 1 bis **3 Rähmchen** beliebig bis **24** cm hoch und bis **30** cm Oberteilslänge 32·—
303 b 1 bis **3 Rähmchen** beliebig bis **34** cm hoch und bis **30** cm Oberteilslänge 35·—

Andere Größen nach Übereinkommen.

313 **Schleuderrähmchenkäfig** zu Nr. 227 bis 308 für Stabilwaben der Körbe, Bauernkasten, je nach Größe der Rähmchen (des Oberteils und Gesamthöhe) K oder M. 1·— bis 2·50.
314 **Honigschleuderdoppeldeckel** sind entbehrlich, doch liefern wir solche auf Wunsch zu Nr. 287 bis 300 mit 7 % Preisaufschlag.
155 **Zellenmesser,** zweischneidig, Stahl, zum Wabenentdeckeln, Nr. 155 . —·65
316 **Honigreinigungssieb,** zum Anhängen an das Schleuderabflußrohr 1·—
Andere Honigseiher vergleiche Nr. 365, 366 und 480.
318 **Honigkübel** mit Honigsieb, zum Unterstellen unter die Honigschleuder für 6 Liter . . . . 2·20
321 **Einöler,** pneumatischer . . . . —·15
322 **Maschinenöl,** feinst, für Honigschleudern, Nähmaschinen usw. . . . —·[illegible]
324 **Wabenegge** oder **Zellenkratzer** . . . . —·45
326 **Wabenigel** oder **Stachelwalze** . . . . —·90
327 **Entdecklungsgabel,** verzinnt . . . . —·90
328 **Entdecklungsgabel** aus Stahlblech gestanzt . . . . —·50

ganzen Waben in einem Kessel auskochten, verwendeten die Appenzeller bereits Tongefässe mit Löchern im Boden. Durch leichtes Erwärmen tropfte der Honig nach unten in eine Wanne ab. Doch die Bündner wussten sich zu wehren und entgegneten, dass der dunkle Honig, den die Appenzeller Imker verkauften, wohl italienischen Ursprungs sei und seine braune Farbe vermutlich daher rühre, dass *«man dort die Waben aus den Bienenstöcken samt allem darin Enthaltenen z.B. tote Bienen, Brut etc. auspresst»*. Allerdings erwähnt Steinmüller, dass sich die Bienenzucht in Appenzell seit vierzig Jahren um mehr als einen Drittel verringert habe und bei weitem nicht ausreiche, um das Land mit Honig zu versorgen: *«Das Clima des Appenzellerlandes ist übrigens wegen der vielen kalten Lüfte der Bienenzucht gar nicht günstig, und wenn man den Ertrag von mehreren Jahren zusammenrechnet, so ist der Verlust davon allhier weit beträchtlicher als der Gewinn.»*

Die Erfindung des Landschaftshonigs

Welches Potential Honige aus den Alpen haben, zeigte einige Jahrzehnte später ein visonärer Imker aus Piemont mit der «Erfindung» des Landschaftshonigs vom Monte Rosa. Nach einem längeren Aufenthalt als Uhrmacher im Ausland hatte Giacomo Bertoli im Jahre 1867 in Varallo-Sesia den alten Bienenstand der Familie mit modernen Bienenwohnungen erneuert und sich anschliessend mit dem auf Reisen angeeigneten Wissen über die Bienenzucht ganz der Imkerei gewidmet. Seine neuen Bienenstöcke bestanden aus zwei Völkern, die durch eine dünne Wand voneinander getrennt waren. Diese Art der Bienenhaltung bot Schutz vor Kälte im Winter und ermöglichte eine zeitige Entwicklung im Frühjahr. Eines der beiden Bienenvölker wurde in eine neue Kiste einquartiert, und der frei werdende Platz half dem verbleibenden Volk zur Entwicklung der Brut. Ein Teil seiner Völker diente ausschliesslich der Vermehrung durch Schwärme. Vor Blühbeginn wurden die Ertragsvölker mit Pferden nach Alagna Valsesia, direkt am Fusse des Monte Rosa, transportiert, wo alljährlich ab Mai eine reiche Honigernte eingefahren werden konnte. Abgesehen von seiner innovativen Art zu imkern war Giacomo Bertoli ein veritables Marketinggenie. Er kreierte ein eigenes Honigglas und hatte auch Transportverpackungen von 200 Gramm bis 4 Kilogramm im Sortiment. Unter der Bezeichnung *«Miele di Monte Rosa»* exportierte er seinen Honig nach Frankreich, Österreich, Spanien, Ägypten, Dänemark und Ungarn. Sein Verdienst war es auch, als erster seine Honige direkt in Verbindung mit der unberührten Natur der Landschaft ihrer Herkunft zu bringen. Er dokumentierte exakt die Bienenflora im Fluggebiet seiner Bienen und beschrieb die Aromen der Honige der einzelnen Trachtpflanzen sowie deren Heilwirkung auf den Menschen. Ausserdem listete er zahlreiche Rezepte zur Verwendung seiner Honige in der Küche auf. Viele Preise und Auszeichnungen dokumentieren seinen Erfolg. Giacomo Bertoli starb im Jahre 1927 im Alter von 84 Jahren in seinem Heimatort.

Wie bereits in der «Allgemeinen Encyclopädie» von 1833 angedeutet, erfolgte um die Mitte des 19. Jahrhunderts eine bedeutende Zäsur in der Wertschätzung des Honigs: Jahrhundertelang zählte die Bienenhaltung zum Selbstverständnis der bäuerlichen Selbstversorgung in den Alpen. Honig war als leicht verfügbarer Süssstoff von grosser ernährungsgeschichtlicher Bedeutung. Sein Preiszerfall begann erst mit dem Aufstieg des heimischen Rübenzuckers. Als dieser ab 1850 dem aus wärmeren und vor allem tropischen Gefilden importierten Rohrzucker einen Konkurrenzkampf zu liefern begann und die heimische Zuckerindustrie unaufhörlich wuchs, sank der Zuckerpreis quasi ins Bodenlose und zog damit auch die Honigpreise in die Tiefe. Kostete das Kilogramm Zucker um 1850 noch umgerechnet rund 66 Eurocents oder gut 70 Rappen, war er kurz vor dem Ersten Weltkrieg auf einen Drittel dieser Preise gesunken. Zucker begann den Honig damit als Süssungsmittel ab der Mitte des 19. Jahrhunderts abzulösen, entsprechend stieg auch der Zuckerkonsum: von drei bis sechs Kilogramm in den Jahren von 1840 bis 1850 auf rund dreissig Kilogramm hundert Jahre später. Mengen, die an Honig nie verfügbar gewesen wären.

Der Zucker verdrängt den Honig

Sidney W. Mintz schreibt in seiner umfassenden Kulturgeschichte des Zuckers, dem Standardwerk zur Geschichte der natürlichen Süssstoffe: *«Die Zuckerproduktion in den vergangenen fünf Jahrhunderten lässt eine bemerkenswerte Entwicklung erkennen: zunächst eine Rarität, eine Arznei, ein Gewürz, kam der Zucker von weither, wurde gehandelt, aber nicht produziert (tatsächlich war die Produktion irgendwie mysteriös und geheimnisvoll); danach wurde er zu einer teuren Ware, in seiner dritten Phase war der Zucker eine weniger kostspielige Ware, und schließlich wurde ein billiger Massenartikel aus ihm, um weltweit auf dem freien Markt ver- und gekauft zu werden.»* Spätestens seit der Entzauberung des Industriezuckers als krankmachende Kalorienbombe erfährt die Kulturkonstante Honig eine gegenläufige Entwicklung. Gute Honige, nicht nur aus alpiner Herkunft, erleben eine bemerkenswerte Renaissance ihrer Wertschätzung.

Underwood & Underwood, Publishers.
New York, London, Toronto-Canada, Ottawa-Kansas.

Der Anbau von Zuckerrohr in Übersee revolutionierte die Verwendung von Süssungsmitteln in der Ernährung und verdrängte den Honig aus vielen Bereichen. Erst der Anbau von Zuckerrüben in Europa half, der Sklaverei auf den Zuckerrohrplantagen ein Ende zu setzen.

Gezeichnet v. C. Brand Prof Gestochen v. Joh. Feigel

Mädel mit Honig und Obst. Vendeuse de miel et de pommes.

Honiggerichte und Honiggebäcke

Heilmittel in Mangeljahren | Birnendicksaft ersetzt Bienenhonig | Saucenzutat und Süssgewürz | Geriebene Honigkuchen | Gelbe Speisen, schwarzes Mus | Hirsch mit Lebkuchenbröseln | Seltener Luxus der Unterschicht | Teureres ersetzt Wertvolles | Biblisch: Milch und Honig | Neuschmalz und Hungtunk | Feiertagsgebäck ohne Zucker und ohne Honig | Niedergang des Honigweins | Totenspeise und Speiseopfer | Kraftspender und Glücksbringer | Kann Honig Liebe wecken? | «Honigsauer» als Treibmittel | Beeinflusst vom Orient | Eigenversorgung statt Handel | Schwarze Nüsse und in Honig konserviertes Obst | Landschaftshonige aus Piemont und aus Savoyen | Basler Läckerli und amerikanischer Honig | Kunsthonig und Invertzucker | Kampf gegen Surrogate und künstliches Honigpulver

Immer wieder kam es aufgrund klimatischer Veränderungen im Alpenraum zu grossen Schwankungen bei der Honigernte. Dementsprechend sah sich die Obrigkeit regelmässig dazu veranlasst, die Verwendung von Honig einzuschränken. Verordnungen gaben vor, in welchen Mengen, wann und vor allem wofür Honig verwendet werden durfte und wann darauf zu verzichten sei. In Mangeljahren, so hat es Melchior Sooder in einem Standardwerk über «Bienen und Bienenhalten in der Schweiz» festgehalten, wurde der nur spärlich vorhandene Bienenhonig nicht verzehrt, sondern fast aussschliesslich als Heilmittel verwendet. Im Schweizer Kanton Obwalden etwa gab es dazu jeweils Erlasse in frost- und niederschlagsreichen Jahren. 1598 wurde die Herstellung von Lebkuchen ausschliesslich mit «Bürhung» (Birnenhonig beziehungsweise Birnendicksaft) erlaubt, die Verwendung von Bienenhonig gar ausdrücklich verboten. Ebenso mussten die Obwaldner Lebkuchenbäcker im Jahr 1616 vom Honig auf eingedickten Birnensaft ausweichen. Diesmal allerdings wegen eines trockenen Sommers, der zu einer katastrophalen Getreide- und Obsternte führte und damit auch zu einem Mangel an Honig, wie Rüdiger Glaser in seiner «Klimageschichte Mitteleuropas» protokolliert hat.

Marktverkäuferin mit Obst und mit Honig, Wien, um 1775.
Kleines Bild oben: Marktverkäufer in Zürich mit «Birnenhonig», um 1750.

Bienenhonig war über die gesamte Ernährungsgeschichte hinweg ein wertvolles Gut, unabhängig von den jährlichen Erträgen. Er blieb dies auch weit über die Zeit hinaus, als er für viele traditionelle Zubereitungsarten erst durch den noch sündhaft teuren importierten Rohrzucker und ab der Mitte des 19. Jahrhunderts durch den industriell raffinierten heimischen Massenzucker aus der Zuckerrübe verdrängt wurde. In Kochbüchern aus dem 16. und dem 17. Jahrhundert taucht Bienenhonig zwar regelmässig als klassische Marinade, als Saucenzutat oder als Süssgewürz für zahlreiche Gerichte auf, doch bezog sich dies ausschliesslich auf Speisen, die in adligen oder grossbürgerlichen Küchen zubereitet wurden oder in den Küchen wohlhabender Klöster. Im Spätmittelalter finden sich bereits in verschiedenen Klosterquellen Rezepte für mit geriebenen Honigkuchen hergestellte Saucen. Da am Spiess gebratenes Fleisch relativ trocken war, wurden als Beigabe würzige Brühen aus Most, Gewürzkräutern und Essig hergestellt, die mit den honig- und mehlhaltigen Lebkuchenbröseln eingedickt und gewürzt wurden. Damit wurde auch eine andere Vorliebe der gehobenen Küche befriedigt, nämlich jene für das Färben der Speisen. Für gelb leuchtende Gerichte wurde Safran verwendet, für die etwas weniger bekannten «schwarzen» Speisen wie das schwarze Mus zerstossene schwarzgebackene Honiglebkuchen, wie dem Kochbuch von 1581 aus dem Walliser Stockalperarchiv zu entnehmen ist. Doch im Hause von Kaspar Jodok von Stockalper, dem zu jener Zeit wohl reichsten Feudalherrn der Schweizer Alpen, hatte der importierte Rohrzucker den Honig bereits grösstenteils aus der Küche verdrängt. Und dies, obwohl ein Pfund Zucker 25 Batzen kostete, eine für Handwerker und Bauern ungeheure Summe, entsprach sie doch damals etwa sechs Taglöhnen.

Von Leb- und Honigkuchen

Nur eines aus Dutzenden von in alten Kochbüchern vorhandenen Rezepten mit Honig liefert die anonym gebliebene «Curiose Köchin» in ihrem 1726 in Nürnberg publizierten und mit vielen österreichischen, savoyardischen oder südalpinen Anleitungen versehenen Kochbuch mit ihrem Rezept «Lebern von einem Hirschen zuzurichten». Nicht nur, dass Grosswild – selbst die Innereien – ausnahmslos dem Adel vorbehalten war, sondern auch die in solchen Rezepten enthaltenen Zutaten: «*Wasche die Leber sauber/lasse es eine Weile also liegen/spicke es mit Speck/an einem heissgemachten Spiess brats/setze ein Brat-Pfannen unter/lass darein tropffen/nimm solche Brüh/thue ein wenig geriebenen Lebkuchen darein/und gestossene Nägelein/auch ein wenig Pfeffer darunter/wann die Leber gebraten/legs in eine Schüssel/mache ein Loch darin/giesse die Brüh darein.*»

Gehörten Lebkuchen zum alltäglichen Gebrauch in der adligen oder klösterlichen Küche, blieben sie für die Unterschicht ein nur selten genossener Luxus. Für die gesellschaftliche und wirtschaftliche Elite war aber selbst der Honig nur eine Zutat unter vielen. Die sie – wie schon im Hause Stockalper – zudem schnell durch den aufkommenden Rohrzucker ersetzte, obwohl dieser importiert werden musste und nur mit prall gefüllter Geldbörse in Apotheken zu kaufen war. Was sich etwa im erst 2018 als Faksimile veröffentlichten «Ein schön Kochbuch» von 1559 zeigt, das aus der Küche des wohlhabenden Bischofs von Chur im Schweizer Kanton Graubünden stammen dürfte. Während 246 darin enthaltene Rezepte Zucker enthalten (jedes zweite darin enthaltene Rezept), taucht in diesem ältesten bekannten Schweizer Kochbuch gerade in nur 81 Anleitungen der Honig auf. Das belegt, dass schon in der frühen Neuzeit in höfischer wie auch in klösterlicher Umgebung das bisher Wertvolle schnell durch noch Teureres ersetzt wurde. Rohrzucker, der Mitte des 16. Jahrhunderts noch vorwiegend von den Kanarischen Inseln, von Madeira, Sizilien oder aus Nordafrika importiert wurde, entwickelte sich rasch zu einem gern zur Schau gestellten Luxusgut.

Für die Mehrheit der Bevölkerung im Alpenraum blieb der Importzucker jedoch bis ins 19. Jahrhundert unerschwinglich. Entsprechend sparsam ging man mit dem wertvollen Honig um, dem oft einzigen vorhandenen Süssungsmittel – für die städtische Unterschicht war Honig gar etwas, was sie sich kaum leisten konnte. Dementsprechend wurde er in grossen Teilen des Alpenraums über Jahrhunderte hinweg allenfalls als Festtagsspeise aufgetischt. Und dabei vorwiegend als Zutat für Feiertagsgebäcke oder – typisch für die alpinen Zonen der Milchwirtschaft – als Süssstoff zu festtäglichen Frischkäse- und Milchgerichten, die man unter dem Jahr eher mit den günstigeren und in weit grösseren Mengen verfügbaren Dörrfrüchten zubereitete.

Symbol für das Schlaraffenland

Milch und Honig – wie schon im Alten Testament erwähnt – gelten seit Jahrhunderten als Symbol für ein Leben im Schlaraffenland. Für solch biblische Kombination von Milch und Honig ist der Alpenraum reich an traditionellen Feiertagsgerichten. Aus Nord- und Südtirol kennt man etwa das «Neuschmalz», eine aus Milch, Mehl und dünnflüssigem Honig zubereitete weihnachtliche Nachspeise, die zu Kuchen gegessen wird. Nirgends so beliebt war dies jedoch wie in den beiden Appenzell im Osten der Schweiz: «Hungtunk» heisst dieses Gericht aus eingesottenem Honig und Rahm. So findet sich im «Appenzeller Volksboten» von 1848 die Geschichte einer Appenzellerin, die ihrem Mann am Vorabend zu Weihnachten nur Haferbrei auf den Tisch stellte, worauf dieser ausrief: *«Das ist kein heiliger Abend! Honig und Chüechli will ich haben; was die Alten errungen und erworben, lasse ich mir nicht nehmen.»*

Die weite Verbreitung für traditionelle Feiertagsgebäcke kann aber nicht darüber hinwegtäuschen, dass Honig erst mit der fortschreitenden Verbesserung der Imkerei und der Honiggewinnung in viele Rezepte Einzug hielt. Tiroler oder Bozner Zelten etwa – wie fast alle mit diesen Gebäcken verwandten Früchtebrote des Alpenraums – wurden bis weit über das Mittelalter hinaus ohne Honig wie auch ohne Zucker gebacken. Die Süsse lieferten ausschliesslich Dörrbirnen, Dörrzwetschgen oder getrocknete Weinbeeren, die zusehends mit etwas teureren und importierten Dörrfrüchten wie Feigen, Datteln oder Orangen ergänzt wurden. Zusehends wurde Honig beigefügt – sofern genügend davon zur Verfügung stand.

Honig begann im Laufe des Mittelalters mit dem Bevölkerungswachstum und dem damit einhergehenden Schwund an Waldflächen zu einem immer teureren Lebensmittel zu werden. Bis zum Übergang in die Neuzeit verlor der über Jahrhunderte beliebte germanische Met, das aus Wasser und

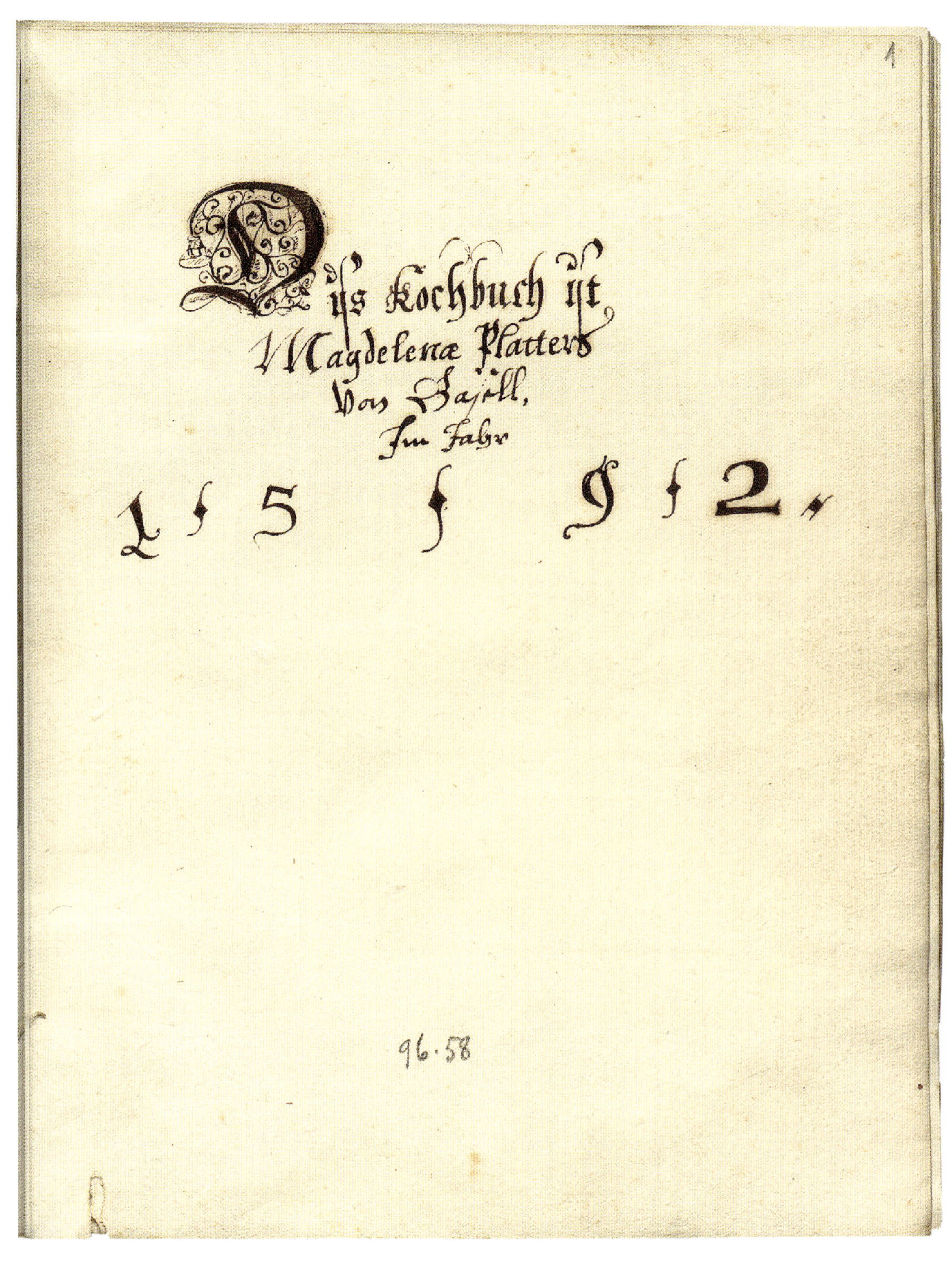
1

Dys Kochbuch ist
Magdelenæ Platters
von Basell,
Im Jahr
1 5 9 2.

96.58

Bis heute zählt der Honig-Tirggel, ein hartes Gebäck aus Honig und Mehl, zu den weihnachtlichen Gebäcken in den Kantonen Zürich und Schwyz. Früher war er auch in Basel bekannt. Hier ein Tirggel-Rezept aus dem Kochbuch der Baslerin Anna Magdalena Plattner aus dem Jahr 1592.

Wie man dirckelin macht.
Nim Honig wie viel du wilt machen, undt verschaum in dan̄, thun ein viel becher voll wein auch drin undt stoss koriander nur groblecht, Jmber undt musgatnuss undt Zim̄et, undt ein wenig pfeffer, es soll auch nur grob gestossen sein, thuns als in honig, undt rüers under einanderen, dan̄ mach ein deÿg darauss mit roggen mäl, dan̄ würcks woll, undt reibs woll auf eim disch, undt schlach in woll, dan̄ mach dirckelin druss, man sols nur mit der handt zertriben, bachs in eim ofen auff eim brett, undt wan̄ sie schier gebachen sindt, so wäschs sie undt sie mit rotem wein, so werden sie braun, hast du sie gern räss, so thun viel gwürtz drin.

Honig gesottene Volksgetränk, vollkommen an Bedeutung. Wurde dieses ursprünglich vor allem mit Honig aus der Waldbienenzucht hergestellt, führte der immer stärkere Rückgang der Waldflächen zu einem derartigen Preisanstieg des Honigs, dass dieser altgermanische Trank durch das weit billigere Bier aus Gerste und Hopfen ersetzt wurde. Die Lücke, die durch den Rückgang der Waldbienen und ihres Honigs entstand, sollte erst in den kommenden Jahrhunderten durch die Fortschritte in der Bienenzucht und der Imkerei wieder gefüllt werden.

Der Volkskundler und Bienenforscher Melchior Sooder hat zu Recht nachgezeichnet, dass sich der Honig nicht allein wegen seiner geringen Verfügbarkeit oder allein wegen seiner Güte zu einer Festtagsspeise entwickelte, sondern dass hier vielfach auch alte Glaubensvorstellungen eine Rolle spielten. So galt Honig oft als Totenspeise, die man etwa an Heiligabend auftischt. Also dann, wenn nach altem Volksglauben die Toten zu Besuch kommen. Sozusagen als Speiseopfer. Und Honig ist mystisch derart überladen, dass ihm alle möglichen Kräfte zugesprochen werden. Fallen Festtage auf das Frühjahr oder auf den Sommer, wird der Verzehr von Honig als Kraftspender und Glücksbringer gedeutet. In anderen Fällen gar als Liebeszauber. So war es laut Sooder in vielen Gegenden des Alpenraums üblich, dass die Mädchen den sie besuchenden Burschen Honig vorsetzten. *«Ausgeschlossen ist es nicht, dass man auch bei uns glaubte, Honig könne Liebe wecken»,* sinniert Sooder. Möglicherweise hatte er dabei ein Lied aus der Bibel in Erinnerung: *«Von deinen Lippen, Liebste, tropft Honig; Milch und Honig ist unter deiner Zunge»,* heisst es in den Liedern Salomos.

Honig als Treibmittel

Honiggebäcke gehören aber längst nicht nur im Alpenraum zu den althergebrachten Ritualgebäcken und Opfergaben, bekannt sind solche schon aus der Antike, galt doch Honig als Götterspeise. Von Pythagoras ist bekannt, dass er die Gottheiten mit Honigkuchen beschenkte und auf die blutigen Opferrituale seiner Zeitgenossen verzichtete. Aus den Schriften der Antike schöpften später die Gelehrten in den Klöstern. Dementsprechend ist die eigentliche Honiggebäck- und Lebkuchentradition in unseren Breitengraden denn auch zu grossen Teilen auf die Klosterküchen zurückzuführen. Nicht nur standen den Klosterbrüdern und Nonnen Honig und exotische Gewürze für die Herstellung solcher Bild- und Süssgebäcke zur Verfügung, auch verwalteten sie das Wissen der Backtechniken, das sie wie so vieles aus der Römerzeit ins Mittelalter hinübergerettet und weiterentwickelt hatten. Das Wissen etwa, dass ein mit Honig versetzter Teig dank seinem Zuckergehalt zu einer verstärkten Gärung neigt, was wiederum das Backen von lockeren und leichten Gebäcken ermöglicht. Anderseits wussten die geistlichen Lebkuchenbäcker und Pfefferzeltenbäckerinnen auch, dass sich ein Honigteig leicht modellieren lässt. Zudem war ihnen bekannt, dass für die Herstellung der festlichen Süssgebäcke oft ein «Honigsauer» als Treibmittel verwendet wurde – womit ein mit Honig versetzter Sauerteig gemeint ist. Die Klöster profitierten aber auch davon, dass viele Imker, Zeidler und Bienenzüchter in ihrer unmittelbaren Nähe zuhause waren: dort, wo sie nicht nur ihren Honig absetzen konnten, sondern vor allem auch die von ihnen hergestellten Bienenwachskerzen für die Kloster- und Kirchenbeleuchtung. Kein Zufall also, dass der älteste Beleg des Alpenraums (11. Jahrhundert) für ein Honiggebäck – hier genannt Pheforceltum, abgeleitet zu den Pfefferzelten – aus dem oberbayerischen Kloster Tegernsee stammt. Zur selben Zeit tauchen auch die ersten Erwähnungen der Honiggebäcke (Pain d'épices) aus den französischen Alpen auf, die laut einigen Quellen auf Rezepte zurückzuführen sind, die Ritter vom Ersten Kreuzzug aus dem Orient zurückgebracht hatten. Zu diesem Schluss kommen Historiker, weil die ältesten Honiggebäcke Frankreichs noch ohne Butter oder Milch zubereitet wurden und ihre Rezepte deshalb aus einer Region stammen mussten, in der die Milchwirtschaft keine wesentliche Rolle spielte.

Mit der stetig wachsenden Verfügbarkeit des in immer grösseren Mengen angebauten Zuckerrohrs wurde das einst «weisse Gold» zwar langsam, aber stetig auch für bürgerliche Haushalte erschwinglich. Honig wurde damit zusehends nur noch dort verwendet, wo er sozusagen als würzende Zutat für den Geschmack eines Gebäcks verantwortlich war oder wo er sich traditionellerweise als Konservierungsmittel durchgesetzt hatte: für Honiggebäcke und zum Einmachen von Früchten, Nüssen oder teilweise auch von Gemüse wie etwa Karotten. Eindrücklich zeigt sich dies im Kochbuch der Zurzacher Posthaltersgattin Dorothea Welti-Tripple. Unter dem Titel «Allerhand Confect – Lattwerig-Werk und eingemachte Sachen» trug die gebürtige Schaffhauserin in der einst wichtigen eidgenössischen Messestadt am Rhein eine eindrückliche Sammlung an Süssspeisen und Süssgetränken zusammen. Als Saucenzutat oder als eigentliches Süssmittel spielte der Honig bei ihr indes keine grosse Rolle mehr – selbst für zahlreiche ihrer Lebkuchen-, Anisbrot- oder Hüppengebäcke ersetzt sie einen stattlichen Teil des Honigs regelmässig durch Zucker. Dominant verwendete sie den Honig hingegen für ihre vielseitigen Läckerli-Rezepte, die ja schliesslich nicht nur süss sein, sondern vor allem ihrem Namen als Honiggebäcke auch geschmacklich gerecht werden sollten. Ausschliesslich Honig verwendete sie nur noch für das Einmachen von Quitten, von Trauben und auch für die Herstellung von schwarzen Nüssen. Diese werden – eine heutzutage wieder weitverbreitete Delikatesse – gegen Ende Juni um den Johannitag noch grün geerntet, lange gewässert und dann in einem Gewürz-Honig-Sud eingemacht.

Honig für die Fabriken

Die wenigen erhaltenen Rezeptbücher können jedoch nicht darüber hinwegtäuschen, dass der Honig im Alpenraum ein ewig knappes Gut war. Denn über Jahrhunderte wurde er kaum gehandelt oder verkauft, da er fast ausschliesslich der Eigenversorgung diente. Zum eigentlichen Handelsgut wurde er erst mit dem Beginn der Industrialisierung und dem aufstrebenden globalen Handel. Also zu einer Zeit, da eine noch junge Süsswarenindustrie damit begann, bisherige Feiertagsgebäcke zu ganzjährig verfügbaren Produkten zu verarbeiten und diese auch so zu vermarkten. Ebenso im Alpenraum: Vorreiter für Produkte aus alpinem Honig war der Piemonteser Imker Giacomo Bertoli, der nicht nur Honig aus dem Valsesia am Fusse des Monte Rosa exportierte, sondern dessen Honig auch die schweizerische Süsswarenfabrik Italo-Suisse SA in Ponte Tresa zu «Caramella al Miele del Monte Rosa» zu verarbeiten und zu vertreiben begann. Dies zu einem Zeitpunkt, da Biscuit-

und Confiseriefabriken im Alpenraum wie Pilze aus dem Boden zu schiessen begannen und die Nachfrage nach Honig für spezielle Gebäcke längst nicht mehr durch heimischen Honig gedeckt werden konnte. Selbst traditionelle Honiggebäcke wie die «Tirggel» aus Einsiedeln und aus Zürich, die heute noch als Gebilde- und Feiertagsgebäcke sehr beliebt sind, wurden um 1900 bereits ausschliesslich mit amerikanischem Honig oder Chile-Honig gefertigt, wie Martin Gyr in seinem Standardwerk über Einsiedler Volksbräuche dokumentiert hat. Bereits um 1845 taucht ein erstes Inserat in der «Neuen Zürcher Zeitung» auf, in dem ein Zürcher Kolonialwarenhändler mit amerikanischem Honig um Kundschaft wirbt. Produkte mit heimischem Honig, wie jenem von Bertoli, galten als Luxus für wohlhabende Touristen, die in diesen Jahren vor der Jahrhundertwende die Alpen zu erobern begannen. Bereits um 1900 begannen sich in den französischen Nobeltourismusorten lokale Konditoren auf den «Nougat au Miel de Chamonix» zu spezialisieren.

Kunsthonig wird verboten

Honiggebäcke wie die bekannten Basler Läckerli hingegen und andere einst vor allem an Feiertagen, auf Jahrmärkten oder zu Festlichkeiten hergestellte Traditionsgebäcke wurden in der entstehenden Zuckerwarenindustrie von Beginn weg mit billigerem Importhonig aus aller Herren Ländern hergestellt. Dank tieferen Einkaufspreisen und weit grösseren verfügbaren Mengen wurde die Produktion angekurbelt und konnten die Margen deutlich erhöht werden. Doch selbst das reichte noch nicht aus; bereits um 1880 begann die industrielle Zuckerfabrikation Kunsthonig herzustellen, erst aus einem Gemisch aus Glucosesirup und Bienenhonig, dann ausschliesslich aus Invertzucker – ein Produkt, das allerdings auch bei den Imkern auf Anklang stiess: wenn auch als Winterfutter für die Bienen, die sich wie der Mensch mit diesem Kunstprodukt überlisten lassen. Wie beim Kaffee blühte auch beim Honig die Surrogate-Industrie mit billig hergestellten Ersatzprodukten förmlich auf und entwickelte sich zu einer treibenden Kraft hinter dem internationalen Handel mit Süsswaren. Erst auf die Intervention der Imkerverbände wurden den Herstellern Begriffe wie «Alpenhonig» oder «Tafelhonig» verboten. Die Imker hatten dabei einen grossen Einfluss auf die ersten Lebensmittelverordnungen: Nicht nur durften die Produzenten für ihre unzähligen Kunsthonigvariationen den Begriff Honig nicht mehr verwenden, auch traditionelle Süssstoffe wie der aus eingekochtem Birnensaft hergestellte Innerschweizer Birnenhonig musste trotz einer mehrhundertjährigen Tradition auf Begriffe wie Birnendicksaft ausweichen und durfte nicht mehr mit dem Zusatz «Honig» verkauft werden. Lebensmittelkontrolleure wurden etwa in der Schweiz nach dem ersten, 1905 in Kraft gesetzten Lebensmittelgesetz darauf aufmerksam gemacht, irreführende Bezeichnungen wie «Alpenblüten-Kunsthonig», «Honig façon» oder «Mieline» zu melden und die Anbieter aufzufordern, diese Begriffe fortan nicht mehr zu verwenden oder sie aus dem Verkehr zu ziehen. Ebenso wie das vielfach im Handel angebotene Honigpulver, das laut der Lebensmittelverordnung des Kantons Bern von 1915 meistens nur aus Zucker, Weinsäure, Zitronensäure, Farbstoff und künstlichem Honigaroma bestand. Weiter heisst es, *«zu einem Wert, der in keinem Verhältnis zum Verkaufspreis steht»*.

Bäckerei in der Basler Steinenvorstadt, spezialisiert auf die Herstellung von Basler Honig-Läckerli.

LECKERLI · FABRICATION
A.HARTMANN COIFFEUR
DAMEN-FRISIER-SALON
1. Stock
33
GROSS & KLEINBACKEREI von J. ÖSTER.
NACHFOLGER VON We C. BAUR.
35
31
J. ÖSTER

Von der Pflanze bis ins Honigglas

Ein wertvolles Kulturgut | Gewürz-, Heil- und Arzneimittel | Hauptsüssstoff des Alpenraums | Ein naturfermentiertes Lebensmittel | Unbegrenzte Haltbarkeit | Endlose Kette der Umwandlung | Vom Speichel und vom Fermentieren | Blütennektar oder Honigtau | Von den Umwelteinflüssen | Von Läusen und ihren Saugrüsseln | Durch den Darm gefiltert | Von der Sammeltechnik der Bienen | Vom Pumpen und Saugen | Von der Umwandlung der Zuckerarten | Vom Imker und von den kühlen Tagen | Beruhigte Bienen | Schleudern und klären | Von doppelt fermentierten Honigen | Erwärmt und abgefüllt | Von den Aromen im Honig | Vom Einfluss des Imkers | Vom Reifen der Honige | Von Sorten- und von Landschaftshonigen

Honig ist eines unserer wertvollsten Kulturgüter. Er ist seit der Antike Gewürz, Heil-, Genuss-, Lebens- und Arzneimittel sowie auch Rohstoff für die unterschiedlichsten Kosmetika. Während Jahrhunderten war er im Alpenraum der Hauptsüssstoff, bis er ab 1850 durch vor allem aus der Zuckerrübe und in sinkendem Masse auch aus Zuckerrohr gewonnenen und industriell raffinierten Zucker ersetzt wurde. Vor allem aber ist Honig ein Produkt, das sich durch ein aussergewöhnliches Alleinstellungsmerkmal auszeichnet: Er ist das einzige naturfermentierte Lebensmittel, das durch keinerlei physikalische Behandlung und auch nicht durch den Einsatz von chemischen oder anderen Konservierungsmitteln haltbar gemacht werden muss. Wie Funde aus dem alten Ägypten beweisen, ist seine Haltbarkeit praktisch unbegrenzt. Was mit ein Grund dafür sein dürfte, dass Honig bei fast allen Völkern und Kulturen in allen Zeitepochen unter den landwirtschaftlichen Erzeugnissen immer einen so hohen Stellenwert genoss, wie es allenfalls nur noch für pflanzliche Öle oder edle Weine der Fall war. Honig geniesst zudem in allen Weltregionen eine hohe Wertschätzung – eine Ausnahme bilden hier nur die Jainisten, die sich zu grossen Teilen vegan ernähren und somit auch die Nutzung der Honigbienen durch den Menschen ablehnen.

Einzigartig und komplex

Honig offenbart viel von der Landschaft, aus der er stammt. Er erzählt Jahr für Jahr nicht nur vom Klima, sondern auch von der Zusammensetzung der Vegetation, der Morphologie der Landschaft und von den Jahreszeiten, in denen er von den Bienen gesammelt wird. Jeder einzelne Honig trägt den Geschmack exakt der Landschaft in sich, in der die Bienen jeweils im Umkreis von vier Kilometern den vorhandenen Blütennektar oder den Honigtau sammeln. Auch trägt jeder Honig in sich einen einzigartigen Code, nämlich den genetischen Fussabdruck all der Pflanzen, die von den Bienen in Form ihrer Blütenpollen beerntet werden. Und der ist an keinem anderen Ort der Welt identisch. Guter Honig zeichnet sich durch eine Harmonie von Süsse und Säure aus und verfügt über Bittertöne und über vielschichtige Aromen, die von der Landschaft seiner Entstehung erzählen, die sich wiederum unmittelbar in jedem einzelnen Honig spiegelt.

Der Prozess seiner Entstehung ist enorm komplex, besteht er doch aus einer schier endlosen Kette von Umwandlungen, von der Nahrungsaufnahme, vom Einspeicheln und vom Fermentieren, vom Weiterreichen an Artgenossen und an Artfremde, sowie aus einem Reife- und Trocknungsprozess mit unzähligen Zufallskomponenten. Zu denen die Witterung ebenso gehört wie auch die Standortwahl, Temperaturschwankungen ebenso wie Eingriffe des Menschen. Dementsprechend ist seine Entstehung nicht nur wundersam, sondern in der Natur auch wirklich einzigartig. Erst ganz am Ende dieses Prozesses kommen die Imker ins Spiel. Und dennoch besteht Honig nur aus zwei Zutaten: einerseits aus dem Siebröhrensaft von Pflanzen, den die Bienen als Blütennektar oder als Honigtau sammeln, und anderseits aus bieneneigenen Enzymen. Der Siebröhrensaft von ausschliesslich höheren Pflanzen enthält überwiegend Zuckerstoffe. Diese werden über einen komplexen Vorgang der Assimilation in den grünen Pflanzenteilen aufgebaut, und zwar mit Hilfe von Sonnenlicht, Wasser, Kohlendioxid und Chlorophyll. Dieser Saft wird durch pflanzliche Drüsen direkt als Nektar von den Blüten oder indirekt in Form von Honigtau als zuckerhaltiges Ausscheidungsprodukt pflanzensaugender Insekten abgesondert. In dieser Form wird er von den Bienen eingesammelt. Blütennektar ist der Rohstoff für die Blütenhonige, Honigtau für die Waldhonige.

Wie Blütennektar entsteht

Die Absonderung des Nektars durch die Pflanze steht für die Entstehung des Honigs ganz am Beginn. Um über seine eigene Abgabestelle an die Insekten zu gelangen, wo ihn diese überhaupt erst gewinnen können, muss der aus dem Siebröhrensaft der Pflanzen entstehende Nektar mehrere Membranen der Pflanze passieren. Seine Zusammensetzung ist an das jeweilige Bestäubungsinsekt angepasst. Der Nektar von Bienenpflanzen enthält einen hohen Zuckeranteil, jedoch einen nur sehr geringen Anteil an Aminosäuren. Bei Pflanzen, die von Schmetterlingen bestäubt werden, ist das umgekehrt. Wie viel Nektar eine Blüte absondert, hängt einerseits von ihr selbst ab, anderseits wird dies aber auch von den Umweltbedingungen beeinflusst. Etwa durch die Bodenfeuchtigkeit sowie die jeweilige Dauer der Sonneneinstrahlung. Einige Pflanzen sondern den ganzen Tag hindurch die gleiche Menge Nektar ab, wie beispielsweise die Himbeere. Andere wiederum, wie der Löwenzahn, stellen in den Mittagsstunden ihre Produktion ein.

Wie lange und wohin die Bienen fliegen, hängt sehr stark von der Dauer und der Intensität der Nektarabsonderung der Pflanzen ab. Wobei die Forschung festgestellt hat, dass Bienen hier ein erstaunliches Erinnerungsvermögen entwickeln. Der Nektar, den sie sammeln, besteht zum grössten Teil aus einer wässrigen Zuckerlösung, deren Zuckergehalt in weiten Grenzen schwanken kann. Vorherrschend sind Zuckerarten wie die Glucose, die Fructose und die Saccharose, die wiederum in ihrer Zusammensetzung für jede Trachtpflanze sehr typisch sind und sich zwischen den verschiedenen Pflanzen sehr stark unterscheiden können. In nur geringen Mengen enthält der Nektar jedoch Stickstoffverbindungen, Mineralstoffe, Farbstoffe, Aromen oder organische Säuren. Auch wenn für den Menschen als Konsumenten die Honigaromen im Vordergrund stehen, scheinen sich Bienen bei der Auswahl ihrer Futterpflanzen eher vom Zuckergehalt des Rohstoffes und dessen Ergiebigkeit leiten zu lassen als von Aromakomponenten.

Das Zusammenspiel zwischen Läusen und Bienen

Während die Pflanzen ihren Nektar den Bienen sozusagen aus freiem Willen darbieten, ist dies insbesondere bei Nadelbäumen wie Fichten und (Weiss-)Tannen ganz anders. Diese verfügen zwar auch über Siebröhrensaft, doch als Windbestäuber sind sie nicht auf die Übertragung des Pollens durch die Bienen angewiesen. Hier nutzen die Bienen in Mitteleuropa die Arbeit von Rindenläusen – sogenannten Lachniden – oder von Napfschildläusen – sogenannten Lecanien. Diese stechen mit ihrem Saugrüssel die Leitungsbahnen an und saugen Phloemsaft aus den Siebröhren. Transportiert wird der Siebröhrensaft im sogenannten Phloem, jenem Teil des pflanzlichen Leitungsgewebes, das je nach Bedarf Produkte der Photosynthese von den Blättern in die Wurzel oder von der Wurzel in die Blätter liefert. Im Darmkanal der Läuse wird dieser Pflanzensaft mit Fermenten und Verdauungssäften vermengt. Dabei verfügen die Läuse über eine anatomische Besonderheit: Sie können einen Teil des Pflanzensaftes und damit ihrer eigentlichen Nahrung durch eine Filterkammer direkt vom Vorderdarm in ihren Enddarm befördern. Dadurch werden überschüssige Ballaststoffe wie Wasser und Kohlenhydrat auf kurzem Weg durch den Körper geschleust, ohne den Mitteldarm zu passieren. Und vom Enddarm aus werden sie in Tröpfchen an Nadeln, Blättern und Zweigen abgelagert. Hier wiederum kommen die Trachtbienen zum Einsatz, die diese Tröpfchen einsammeln. Da den Läusen vom aufgesaugten Phloemsaft einzig die gering vorhandenen Stickstoffverbindungen als Nahrung dienen, müssen sie grosse Mengen umsetzen. So dass wiederum Fichten und Tannen der alpinen Waldgebiete sowie in geringerem Masse auch verschiedene Kieferarten und Laubbäume wie der Ahorn, die Edelkastanie und die Linde beachtliche Mengen an Rohstoff für den Waldhonig liefern. Aus chemischer Sicht ist Honigtau nichts anderes als eine wässrige Lösung mit einem Zuckergehalt von bis zu zwanzig Prozent. Er besteht fast ausschliesslich aus Saccharose. Vom Blütennektar unterscheidet er sich durch einen höheren Gehalt an Mineralstoffen und optisch durch seine dunklere Farbe.

Wie die Bienen den Nektar und den Honigtau sammeln

Wenn die Trachtbienen die zuckerhaltigen Rohstoffe von den Blüten oder den Honigtau von den Nadeln und Blättern sammeln, lagern sie ihn in ihren Honigblasen ab und bringen ihn zum Bienenstock. Dort geben die mit gefülltem Magen heimgekehrten Bienen ihr Sammelgut an sogenannte Stockbienen weiter, die in den Bienenstöcken bereitstehen. Mit diesem Vorgang und dem ersten Schritt der Futterkette beginnt die eigentliche Honigbereitung. Denn wird der gesammelte Rohstoff schnell von Biene zu Biene weitergereicht, wird er jedesmal auch mit dem Speichel der einzelnen Biene vermischt, der aus den Futtersaftdrüsen dieser Honiginsekten stammt. Da die gesammelte Zuckerlösung relativ viel Wasser enthält, wird die im Magen eingelagerte Lösung von den Bienen auf ihren Rüssel gepumpt und von dort wieder in den Körper gesaugt. Mit dieser Technik reduzieren die Bienen den Wassergehalt. Auch bei diesem Prozess werden der Zuckerlösung immer wieder körpereigene Enzyme beigemengt. Während gleichzeitig etwa Rohrzucker und andere Zuckerarten in Glucose und Fructose aufgespalten werden, was eine zusätzliche Eindickung bewirkt. Erst wenn die Lösung einen Wassergehalt von noch dreissig bis vierzig Prozent aufweist, hat der Honig seine charakteristische Zähflüssigkeit – auch Viskosität genannt – erreicht, so dass die Bienen die aktive Form der Eindickung einstellen. Erst jetzt beginnt die zweite Phase, die sogenannte passive Honigtrocknung. Die Bienen lagern den halbreifen Honigrohstoff am Boden und an den Wänden der Wabenzellen ab. Durch eine geschickte Ventilation, hervorgerufen durch die rasche Bewegung ihrer Flügel, bringen die Bienen in der Nacht trockene und kühle Aussenluft in den Bienenstock und erwärmen sie. Dadurch verringert sich im Bienenstock die relative Luftfeuchtigkeit, so dass das Wasser dank einem warmen Luftstrom aus dem halbreifen Honig bis zu einem Wassergehalt von zwanzig Prozent oder weniger verdunstet. Ist dieser Trocknungsprozess abgeschlossen, tragen die Bienen den Honig in andere Zellen und verschliessen sie mit einem wasserundurchlässigen Wachsdeckel. Erst ab diesem Zeitpunkt ist der Umwandlungsprozess der Zuckerlösung abgeschlossen und der eigentliche Honig fertig. Während dieses gesamten Reifungsprozesses durchläuft der Rohstoff chemische Veränderungen, wobei das vor allem die Zuckerarten betrifft. Mit Hilfe der im Bienenspeichel vorhandenen Fermente werden die im Nektar oder im Honigtau enthaltenen Saccharosemoleküle in ein Gemisch von Fructose und Glucose umgewandelt, zugleich werden neue Mehrfachzucker aufgebaut.

Die Gewinnung des Honigs durch den Imker

Der Imker entnimmt die Honigwaben meist nach einigen kühleren Tagen, an denen die Bienen keine Tracht nutzen können. Oder zumindest sehr früh in den Morgenstunden, bevor die Bienen von ihren ersten Sammelflügen zurückkehren. Sie erhalten neue und frische Waben und dadurch Platz, um neue Vorräte anzulegen. Nachdem der Imker den Bienenstock geöffnet hat, beruhigt er die Bienen durch den Einsatz von Rauch. Die mit einem Wachsdeckel verschlossenen Waben können nun vom Imker entnommen werden; durch eine stossartige Bewegung schüttelt er den grössten Teil der Bienen ab.

Wabe mit Bienenbrut.

Die wenigen Bienen, die sich nicht abschütteln lassen, fegt der Imker vorsichtig mit einem kleinen Besen in den Bienenstock zurück.

Im Verarbeitungsraum entfernt der Imker den Wachsdeckel mit einer sogenannten Entdeckelungsgabel und stellt die Rähmchen mit den Honigwaben in eine Honigschleuder, in der die Waben durch das Schleudern und die dadurch ausgelösten Zentrifugalkräfte entleert werden und der Honig abfliessen kann. Dabei wird er mit einem Sieb geklärt und in einen Klärbehälter geleitet. Innerhalb von einigen Stunden steigen verbleibende Wachsteilchen und kleine Luftbläschen an die Oberfläche und können dort mit einem Teigschaber abgenommen werden.

Dieser Prozess wird gelegentlich erschwert, insbesondere bei der Ernte von Honigen der Fichte. Dies, weil sie bereits kurz nach dem Einlagern in die Zellen geleeartig zu glänzen beginnen und schon nach wenigen Tagen vollständig auskristallisiert sind. Wenn das geschieht, können sie durch den Imker nur noch sehr mühsam oder überhaupt nicht mehr geerntet werden. Dieses Problem lässt sich beheben, indem der Imker die Waben entdeckelt und sie zurück auf den Boden des Bienenstocks legt. Die Bienen werden die Waben dann wie eine neue Futterquelle behandeln, ihnen die festen Honigkristalle entnehmen und diese wieder in den oberen Bereich des Bienenstocks bringen. Dadurch werden sie ein zweites Mal fermentiert und im Bienenorganismus wieder verflüssigt, so dass sie vom Imker doch noch geerntet werden können. Auch wenn er bei diesem Prozess beträchtliche Mengen einbüsst, wird er durch doppelt fermentierte Honige entschädigt, die über eine unglaubliche Konzentration an Aromastoffen und eine hohe Komplexität des Geschmacksbildes verfügen.

Diese gewonnenen Honige werden am besten in luftdicht verschlossenen Behältern aus Edelstahl gelagert. Empfehlenswert sind Lagertemperaturen um die 10 Grad Celsius. Sobald der Imker den Honig in Gläser abfüllen möchte, wird der Edelstahlbehälter in einer Wärmekammer bei einer Lufttemperatur von rund 40 Grad erwärmt. Der Honig selber überschreitet während dieses Prozesses kaum Temperaturen von 25 bis 30 Grad, so dass die Enzyme in keiner Art und Weise beschädigt werden. Mit Hilfe eines Wärmesiebs verflüssigt der Imker den Honig weiter, indem er ihn mit einer Heizspirale erwärmt und durch ein Seihtuch fliessen lässt. Weil der Honig unmittelbar nach dem Abseihen abgekühlt wird, ist gewährleistet, dass er auch in diesem Prozessschritt keinen Schaden nimmt. Nach der Abkühlungs- und einer weiteren Klärungsphase können flüssige Honige sofort in Gläser gefüllt werden. Einzig sogenannte Crèmehonige werden vor der eigentlichen Abfüllung in Honiggläser mit etwa zehn Prozent sogenanntem Impfhonig versetzt und dann mehrere Tage gerührt, damit sie eine feinkristalline Konsistenz erlangen.

Von den Aromen im Honig

Die Aromastoffe, die den Honiggeschmack bestimmen, sind bereits in den Nektar- und Honigtauquellen der Pflanzen enthalten. Die einzelnen in den Alpen vorhandenen Bienenrassen produzieren keine unterschiedlichen Honige. Sie sammeln an den Bienentrachtpflanzen im Flugradius von etwa vier Kilometern rund um den Bienenstock und bevorzugen jene Nahrungs-

Beim Abfüllen des Honigs ins Glas.

quellen, die ergiebig sind und einen hohen Zuckergehalt aufweisen. Sie reagieren auf Gerüche, haben aber offensichtlich keinen Geschmackssinn jenseits von Süss und Nichtsüss. Sicherlich hat folglich die Bienenrasse an sich einen geringen Einfluss auf den Geschmack des gewonnenen Honigs. Speziell ist, dass Bienen blütenstet sind. Was heisst, dass eine einzelne Biene so lange auf dieselbe Nektarquelle fliegt, bis diese versiegt ist. Auch wenn die Bienen eines Volkes gleichzeitig verschiedene Blüten anfliegen.

Etwas mehr Einfluss auf die Aromen hat indes der Imker, auch wenn er sich auf wenige Bereiche beschränkt. Denn er ist es, der den Standort der Bienen wählt und ihnen damit einen groben Rahmen für ihre Sammeltätigkeit steckt. Auch bestimmt er den Zeitpunkt der Ernte und entscheidet, ob er erst nach Ende der ganzen Saison den Honig entnimmt oder jeweils nach dem Abblühen der einzelnen von den Bienen angeflogenen Pflanzenarten, um sortenreine Honige zu gewinnen. Einfluss auf den Geschmack nimmt der Imker auch über die weitere Lagerung des Honigs. Vor allem Gebirgswaldhonige können durch mehrjährige und sachgerechte Lagerung ein äusserst komplexes Geschmacksbild entwickeln. Ähnlich wie bei alten Weinjahrgängen entstehen in diesen Jahrgangshonigen Reifearomen, die im Honig ursprünglich nicht enthalten waren. Die Unterschiede zwischen den einzelnen Honigjahrgängen können beträchtlich sein, wie sich bei Vertikalverkostungen immer wieder zeigt, sowohl was den Farbton anbelangt als auch die Konsistenz oder den Geschmack.

Denn was bei Wein ganz selbstverständlich scheint, ist ebenso bei hochwertigen Honigen der Fall. Durch die langjährige Lagerung unter genau definierten Bedingungen kommt es auch beim Honig zu einem biochemisch verursachten Umbau- und Reifungsprozess. Wie bei anderen industriell nicht konservierten Lebensmitteln. Honigtauhonige etwa verdunkeln sich zusehends und erscheinen nach einigen Jahren nahezu schwarz. Dies, da sich während der Lagerung flüchtige Alkohole, Ketone und Säuren sowie deren Ester bilden, ein üblicher biochemischer Prozess. Honigtau verfügt über ein sehr komplexes Zuckerspektrum und enthält relativ viele Aminosäuren und Peptide. Insbesondere die Aminosäuren und der Zucker können wiederum im leicht sauren Milieu des Honigtaus miteinander reagieren. Die dadurch entstehenden Aromaverbindungen sind jenen ähnlich, die beim Kuchenbacken oder beim Braten von Fleisch entstehen, nur ohne Einfluss von Hitze. Dementsprechend reift und entwickelt sich das Aroma eines komplexen Jahrgangshonigs erst mit der Zeit.

Für die Imker sind Jahrgangshonige aber mehr eine Spielerei und eine spannende Nische für die Vermarktung. Weit grösser ist für das breite Aromenspektrum der Honige die Vielfalt an reinsortigen Honigen, von denen es in Europa rund 100 gibt, davon allein etwa 50 im Alpenraum. Dabei handelt es sich um eigentlich sortenreine Archetypen, die allerdings meist nicht der Realität der traditionellen Imkerei entsprechen, weil diese die einzelnen Honige weit häufiger in allen nur denkbaren multifloralen Variationen als sogenannte Landschaftshonige gewinnt. Hier steigt die Zahl der botanischen Arten, die Nektar für die unterschiedlichen Landschaftshonige liefern, auf einige Hundert an. Viele davon sind in den besonders artenreichen Zonen am Mittelmeer oder im Alpenraum beheimatet.

Farbton eines Waldhonigs in Nahaufnahme.

Die Honiglandschaften und ihre Imker

Basel
Martin Dettli,
Dornach
Gion Grischott,
Pignia
Reiner Schwa
Marquartstei
Mailand
Genua
Venedig
Schwäbischer Jura
Vierwaldstätt. A.
Glarner A.
Allgäuer A.
Nordtiroler Kalk A.
Ötztaler Alpen
Walliser A.
Bergamasker A.
Cottische Alpen
Meer Alpen
Appennino
Landhöhen:
niedriger als der Meeresspiegel
0 - 100 Meter

500 - 1500 Meter

1500 Meter bis zur Schneeregion

Schnee- u. Eisregion (über etwa 2800 m)

...ahlen blau (...

Die Honige der Nordalpen

Akazienhonig
Alpenrosenhonig
Edelkastanienhonig
Fichtenhonig
Heidehonig
Himbeerhonig
Kleehonig
Lindenhonig
Löwenzahnhonig
Rapshonig
Sonnenblumenhonig
Tannenhonig

Martin Dettli

«Es ist ein geniales Geschenk der Natur, aus den Blüten als schönstem Teil der Pflanze mit ihren Farben und Düften das Beste herausholen zu können.»

Am Oberalppass in Graubünden (CH)

Dornach
Kanton Solothurn
Nordwestschweiz

Martin Dettli

Alpiner Heidehonig

Ein Schild am Gartenzaun des Gempenrings 122 im solothurnischen Dornach weist auf die «Wanderimkerei Martin Dettli» hin. Das Haus selbst zeigt sich dem Besucher indes erst auf den zweiten Blick. Fast schüchtern versteckt es sich unter hohen Bäumen, hinter der riesigen Garage des Nachbarn. Martin Dettli wartet mit einem lauten *«Hallo»* in der offenen Haustür. *«Schuhe bitte anbehalten!»* Im Haus überall Holz, sympathisch alternative Inneneinrichtung, liebevoll zusammengesetzt aus vielen Einzelstücken. Aus der Küche führt eine Glastür in den grossen Garten hinter dem Haus. Dettli bringt Kaffee und Zwetschgenkuchen. Letzterer gerät im Eifer des Gesprächs über Honig allerdings in Vergessenheit. Erst beim Abschied taucht er aus seinem Papierversteck wieder auf und wird rasch verzehrt. Er schmeckt hervorragend.

Martin Dettli ist ein profunder Kenner der Schweizer Honige. Neben seiner Tätigkeit als Imker hält er zahlreiche Vorträge und ist auch in der Bienenforschung tätig. Die Schweiz unterteilt er in fünf Honigregionen: Tessin, Hochgebirge, Voralpen, Mittelland und Jura.

Das Tessin nimmt eine Sonderstellung innerhalb der Schweizer Honigregionen ein. Der an der Südseite des Alpenhauptkamms gelegene Kanton liegt in der mediterran beeinflussten Klimazone. In den Tälern und Ebenen des Tessins ernten die Imker reinsortige Akazienhonige. In den Hügeln dominieren Honige von Edelkastanie und Linde, häufig auch in interessanten Mischungen.

Von den Wiesen unterhalb von 1200 Metern stammen die Frühlingshonige, gefolgt von den Honigernten der artenreichen Sommerblüte. In höheren Lagen ist die Alpenrose die Haupttracht, vereinzelt gibt es auch Honige vom Heidekraut. Die Blüte der Alpenrose beginnt im Schweizer Hochgebirge nie vor Juni und zieht sich etwa über einen Monat hin. Geerntet werden kann ihr Honig in allen alpinen Kantonen der Schweiz.

Die Bezeichnung «Bergblütenhonig» ist in der Schweiz häufig zu finden. Es handelt sich dabei um keine botanische Bezeichnung, sondern um eine topographische. Das Pollenspektrum dieser Honige muss für Gebirgsregionen typisch sein; der Anteil an Pollen von Kulturpflanzen sollte unter fünf Prozent liegen. Am häufigsten enthalten diese Honige Pollen der Alpenrose, von Beerensträuchern, von der Glockenblume, von Hornklee, Löwenzahn und dem Schlangenknöterich, aber auch von Thymian, Vergissmeinnicht, der Weide und dem Weissklee. Die sowohl helleren als auch dunkleren Bergblütenhonige fallen sensorisch uneinheitlich aus, ihr Aroma variiert in einem

weiten Rahmen. Denn sie belegen mit ihren vielstimmigen Kompositionen die artenreiche Flora der Schweizer Alpen.

Im Gegensatz zu den von Granit dominierten Zentralalpen bestehen die Voralpen mehrheitlich aus Kalkgestein. Auf dem wiederum der Bergahorn zu den Haupttrachten gehört, der jedoch von den Bienen so gut wie nie reinsortig geerntet werden kann, finden sie hier doch in der Blütezeit auch Nektar vom Löwenzahn, von Obstbäumen und von einer grossen Vielfalt an Wiesenblumen. Weit verbreitet sind in den Voralpen hingegen – oft auch reinsortige – Honigtauhonige von der Fichte und der Weisstanne sowie weiteren Honigtauerzeugern. Sie machen rund zwei Drittel der Erntemenge des gesamten Schweizer Honigs aus. Im Mittelland zwischen Voralpen und Jura, eine Gegend, die mehrheitlich für den Ackerbau genutzt wird, sind die ausgedehnten Rapsfelder das wichtigste Ziel der Wanderimker. Häufig kommen hier aber auch Lindenhonige vor. Für die Tannenhonige hingegen ist die Jurakette, die sich von Zürich bis Genf zieht und parallel zu den Alpen verläuft, das bekannteste Gebiet. Verbreitet findet man Tannenhonige aber auch im Emmental und im Entlebuch, wo sie in der Imkerei ebenfalls dominieren. Das sind Gegenden, die Dettli erst nach seinen Erfahrungen mit der Imkerei im alpinen Gebiet entdeckt hat.

Der studierte Agronom lebte sieben Jahren auf der Alp, wo er 1983 von einem Freund die Bienen übernahm. *«Die Alp war meine Berufung, ich habe das Leben und die Arbeit in den Bergen über alles geliebt. Irgendwann entschied ich mich definitiv für die Bienen. Ich hatte aber nie mehr als hundert Völker»*, erinnert er sich an seine Anfänge.

Was ihn an den Bienen fasziniere, sei ihre Fremdheit, die immer wieder Rätsel aufgebe, jedes Jahr von neuem. Und dies in Kombination mit der Schönheit der Landschaften, die ihm seine Arbeit als Wanderimker überhaupt erst ermöglichen. *«Es ist wie ein Traum, wenn man den Bergen und den Blumen nachwandert, wenn hier unten nichts mehr blüht. Auch wenn es den Bienen nicht nur gut tut, die Wanderei, so ist sie doch meine Bestimmung.»* Dennoch hat er ein ambivalentes Verhältnis dazu, denn die Bienen, die er auf Fixständen hält, seien weit weniger beansprucht, ist Dettli überzeugt. *«Die Königinnen werden älter und es gibt weniger Varroa.»* Martin Dettli meint die Varroamilbe, lat. *Varroa destructor*, einen aus Südostasien eingeschleppten Bienenparasiten, der auch Jahrzehnte nach seinem erstmaligen Auftritt im Alpenraum schwere Bienenschäden verursacht. Bei der Wanderung hingegen habe er hingegen schon Völker verloren, da diese verhungert seien oder zu wenig Frischluft gehabt hätten. *«Das tat unendlich weh.»*

Dennoch hält er an der Wanderimkerei seit Jahren fest. Nach seiner Rückkehr von der Alp in die Nordschweiz ermöglichte ihm die direkte Verbindung der Gotthard-Autobahn eine neue Lebensweise als Wanderimker in zwei völlig unterschiedlichen Honigregionen. In weniger als zwei Stunden ist er mit seinen Bienen vom Überwinterungsstandort in der Nähe von Dornach im Hochgebirge. Seine Stellplätze hat er beidseitig des 2044 Meter hohen Oberalppasses, an der Grenze zwischen den Kantonen Uri und Graubünden. Ein weiterer seiner Wanderstandorte für Tannenhonig liegt im Lützeltal, einem Hügelgebiet des Juras, etwa 20 Kilometer westlich von Basel.

Martin Dettli mit Naturbauwabe und seinem Imkerzubehör.

Dettlis Alpenrosenhonig ist so reinsortig, dass er bei Honigverkostungen immer wieder als Referenzprobe herangezogen wird. Dementsprechend liegt ihm dieses rare Bienenprodukt der Hochalpen besonders am Herzen. Die Alpenrose, erklärt er, hat durch ihre vielfältigen Expositionen mit Licht und Schatten und ihre unterschiedlichen Höhenlagen einen besonders langen Blühzeitraum. Der Alpenrosenhonig ist auch bei Dettlis Kunden mit Abstand am beliebtesten. *«Ich denke, es kommt daher, weil Alpenrose der süsseste unter den Honigen ist und auch weil er dieses holzig-würzige Aroma hat.»* In guten Jahren bringen es die Bienen auf drei bis vier Kilogramm Nektareintrag pro Tag. Und das über einen ganzen Monat hinweg.

Zwischen den Frühlingsblüten und der Alpenrose gebe es im Hochgebirge auch noch einiges, das man botanisch nicht benennen könne. Aber reine Löwenzahnhonige, *«diese sehr reinen, die richtig stinken»* wie im Voralpengebiet, die gebe es in den Hochalpen nicht. Ebensowenig gebe es im inneralpinen Hochgebirge Waldhonige. *«Ja, doch, halt!»* unterbricht der Imker, *«auf einer meiner Alpen gab es einen Lärchenhonig.»* Der sei aber äusserst selten.

Als einer von ganz wenigen Imkern gelingt es Dettli in manchen Jahren, im Hochgebirge einen Honig vom Heidekraut zu ernten. Die Imker in den Bergen nutzen die Heide normalerweise nicht mehr, da sie die Bienen nach Ende der Alpenrosenblüte bereits ab Mitte Juli zurück ins Winterquartier bringen. *«Irgendwann hatte ich diesen wunderbaren Duft von Heidehonig in der Nase, da musste ich es einfach probieren.»* Zum Sammeln des begehrten Nektars dieser späten Blüte verwendet er Jungvölker, die im Laufe des Sommers in ihre Vollentwicklung gekommen sind. Da die Heidekrautblüte erst Anfang August beginnt, muss der erfahrene Gebirgsimker darauf achten, genügend Vorräte im Bienenvolk zu belassen. *«Die Heide hat etwas Launisches. In ihrer Dynamik kommt sie, und dann ist es mit der Blüte ganz abrupt wieder vorbei. Oder sie blüht kaum oder gar nicht, wie in diesem Jahr.»* Der Heidehonig, den wir verkosten, stammt aus dem Jahr 2016. Es ist sein letztes Glas und bereits halbleer gelöffelt. *«Ich hätte dir gerne ein Glas mitgegeben, aber…»* meint der Imker schmunzelnd. Und 2016 war ein gutes Heidejahr, wie man bereits an der rotbraunen Färbung und am intensiven Geruch seines Alpenheidehonigs erkennen kann. Der erste Eindruck am Gaumen ist feinkristallin und sehr süss. Es folgen leichte Bittertöne und ein sehr langer Abgang. Die Geschmacksaromen erinnern an frisches Leder und Terpentin.

Lagenbezeichnungen für die Gebirgsblütenhonige sind im Kommen, haben in der Schweiz aber keine grosse Tradition, da der heimische Honigmarkt immer schon ein Markt der Knappheit war. *«Man musste sich als Imker nie besonders anstrengen, um seinen Honig zu verkaufen. Er geht auch so weg»*, meint er. Auf allen Honigetiketten Dettlis finden sich jedoch die Flurnamen seiner Bienenstände. Seine Imkerei ist seit Jahren Demeter-zertifiziert, und die Richtlinien verlangen es so.

Martin Dettli verschwindet immer wieder im Keller, um neue Honige zu holen. Das Öffnen des Deckels überlässt er dem Gast, da sein Ellbogen seit einigen Tagen schmerzt. *«Dieser Waldhonig, das ist ein diesjähriger von der Tanne. Ich habe ihn mit ‹Wald› angeschrieben, weil offensichtlich Linde dabei ist. Das ist eigentlich eine super Kombination, die ich noch nie hatte.»* Der nächste Honig,

Bienenstand in hochalpiner Lage am Oberalppass in Graubünden.

etwas später geerntet, stammt vom selben Standort im Lützeltal. Den strengen Kriterien des Imkers und erfahrenen Honigsensorikers nach verdient er die Bezeichnung Tannenhonig. Eine Sortenbezeichung stellt für ihn jedoch keinen Mehrwert dar. Weshalb er auch alle seine Honige zum selben Preis verkauft.

Dettli bezeichnet sich selbst als Teilerwerbsimker. Er führt eine Buchhaltung und schreibt alle seine Arbeitsstunden auf. Freiwillig. Denn es gibt in der Schweiz – die Besteuerung der Imker betreffend – keine Vorschriften. *«Imker existieren für die Steuerbehörde nicht. Die Zahl der Imker steigt seit dem More-than-honey-Effekt. Nicht mehr so stark wie in den ersten Jahren, aber wenn man sich vorstellt, dieser Riesensockel an jungen Imkern, der nachkommt! Das wird die Imkerei grundlegend verändern»,* davon ist er überzeugt.

Für Dettli ist auch klar: *«Wir Imker profitieren unglaublich vom Klimawandel. Ein so erntereiches Jahr wie heuer habe ich noch nie gehabt in 35 Jahren. Wir hatten eigentlich durchgehend Tracht. Das Jahr hat nicht zu früh begonnen, und die Trockenheit hat meine Region nicht so stark getroffen. Es gab immer wieder Gewitter. Der Jura bekommt eigentlich immer genug Niederschlag ab.»* Nördlich des Juras liegt auch sein bester Bienenstellplatz, der für ihn allerdings selbst ein Mysterium ist: *«Er heisst Heiligenbrunn und befindet sich knapp jenseits der Grenze in Frankreich. Die Bienen sind gegen alle Regeln der guten Imkerpraxis nach Norden ausgerichtet. Der Platz ist schattig und umgeben von Wald. Es ist ein genialer Standort, den ich über alles liebe. Die Völker entwickeln sich früh im Jahr, und ich weiss nicht, warum. Vielleicht hängt es damit zusammen, dass die Bienen dort viel Nahrung finden. Es gibt hier viele brachliegende Flächen. Nicht so wie in der Schweiz, wo jede Ecke genutzt wird.»*

«Es ist ein geniales Geschenk der Natur, aus den Blüten als schönstem Teil der Pflanze mit ihren Farben und Düften das Beste herausholen zu können», beschreibt Dettli seine Leidenschaft für die Imkerei. *«Gut ist der Honig allerdings nur, wenn er in einem guten Verhältnis zum Bienenvolk gewonnen wird, das ist mir sehr wichtig.»* Und aus arbeitsethischer Sicht ist für ihn klar, dass man als Imker immer das Beste für seine Bienenvölker und nicht für den Honigtopf anstreben sollte.

Aus sensorischer Sicht ist Dettli davon überzeugt, dass Honig durchaus das Potential hat, in der Breite diskutiert zu werden, wie dies in der Weinbranche schon üblich ist. *«Es gibt viele Ebenen von Duft und Geschmack, über die man endlos diskutieren kann.»* Im Gegensatz zum Wein werde niemand mit Honig reich werden, schiebt Dettli nach. *«Der Honigpreis sollte aber mindestens die Kosten und damit die Arbeit des Imkers abdecken, hier liegt die unterste Preisgrenze.»*

«Wäre ich noch einmal jung, dann würde ich mein Leben mit den Bienen nochmals ganz ähnlich leben. Denn insbesondere die Berge sind mein Lebenselixier. Auch wenn die Bergfahrten und diese Wanderung unglaublich anstrengend sind, so liebe ich sie doch über alles. Auch wenn gelegentlich der Moment kommt, da ich alles auf ein Minimum reduzieren werden muss. Nur ganz aufhören, das werde ich schlicht nicht können.»

Das Heidekraut ist in Europa weit verbreitet.

Gion Grischott

«Wir leben hier drin im Tal, und für mich ist das wie in der Bibel beschrieben: Der Ort, wo Milch und Honig fliessen, da ist das Paradies.»

Alp Niemet in Graubünden (CH)

Pignia
Kanton Graubünden
Südostschweiz

Gion Grischott
Honig wie damals

Pignia, ein kleines Dorf an erhöhter Stelle in der Nähe von Andeer, an der Strecke hinauf zum San Bernardino. Ein Talkessel in Nord-Süd-Erstreckung, der sich nur auf der Länge von wenigen Kilometern etwas weitet. Grünland, dazwischen einige Felder, anschliessend der Waldgürtel. Was darüber liegt, bleibt in Wolken und Nebel verborgen. Ein Prospekt beschreibt das Verborgene wie folgt: *«Hoch und abseits gelegene Bergflächen mit Seen, Mooren und Gebirgsbächen, unterhalb von 2500 Metern artenreiche Wiesen, Weiden und Bergwälder, durch jahrhundertealte Bewirtschaftung geprägte Kulturlandschaft. Rheinursprung. Heidiland.»*

Die nahe Lombardei scheint die Familie Grischott kaum zu locken. *«Wir kommen praktisch nie nach Italien, wir reisen kaum»*, erzählt Gion Grischott, 49. Der bärtige Bündner ist ein guter Zuhörer. Seine Antworten kommen wohlüberlegt, in Bienenangelegenheiten ist er durchaus apodiktisch. Das mit dem Reisen war nicht immer so. Dreizehn Jahre war er auf der ganzen Welt unterwegs. Im Auftrag eines grossen Schweizer Unternehmens hat Grischott Kraftwerke gewartet und umgebaut, später auch neue mit Dampf- oder Gasturbinen errichtet. Überall war seine Frau Ester mit dabei. *«Irgendwann hatte ich dann ein Stellenangebot hier im örtlichen Wasserkraftwerk. Wir wollten Kinder haben und sind zurückgekommen»*, beschreibt er das Ende ihrer gemeinsamen Wanderjahre.

Die Imkerei wurde ihm keineswegs in die Wiege gelegt. Eines Morgens habe er seine Augen aufgemacht, seine Frau angeschaut und gesagt: *«Ich möchte gern Bienen haben.»* Zwanzig Jahre sei das nun etwa her. Auf ihre Frage *«Wieso?»* sei ihm nur eingefallen: *«Weiss ich doch nicht!»* Mittlerweile ist er überzeugt, dass Bienen sich ihre Gastgeber aussuchen und nicht umgekehrt.

«Ich bin zu einem Imker gegangen. Du, ich möchte Bienen haben! Ja, aber nicht im Herbst. Wieso nicht? Ja, geht nicht, die Saison beginnt im Frühling. Der Impuls war einfach da. Eines Tages war der Impuls da.» Im folgenden Frühling hat sich der Jungimker drei Völker besorgt und aus diesen seinen ganzen Bestand aufgebaut.

Der Versuch, ihm ein paar Sätze über Schweizer Honige im allgemeinen zu entlocken, scheitert trotz mehreren Anläufen. Schon nach wenigen Sätzen landet Grischott wieder in seiner Honigregion, dem Val Schons und dem etwas höher gelegenen Averstal im Schweizer Kanton Graubünden. Seine

Bienen hat er auf zehn Standorte in den beiden Tälern verteilt. Für ihn ist es ein grosses Anliegen, pro Standort nur wenige Völker zu halten. Bis auf 2000 Meter wandert er für die Alpenrosen mit seinen Bienen. Deren Honig, wie auch jenen des Löwenzahns, erzeugt Gion Grischott reinsortig. All seine Honige zeigen eindrucksvoll das aromatische Blütenspektrum dieser naturbelassenen Gebirgsregion, ob Frühlings-, Sommer- oder Bergblütenhonig.

Seine Honige sind allesamt ungemein zart, feingliedrig und aussagekräftig. Dieses Jahr gab es eine Besonderheit: *«Es gibt sehr viele Kirschbäume hier, die hatten heuer viele Früchte dran. Ich bin mit der Leiter hoch, habe mir die Bäume angeschaut und gesehen, dass da wirklich viele Bienen drauf waren. Von Leuten aus der Umgebung habe ich ähnliche Rückmeldungen erhalten. Beim Schleudern hat meine Frau dann gesagt: Das ist unser Kirschhonig. Ich habe gesagt, das geht doch nicht. Bei uns gibt es keinen Kirschhonig.»* Und wirklich: Dunkler als die übrigen Sommerhonige, zeigt der Honig zarte Aromen von Kirschkonfitüre am Gaumen. Was noch fehlt, sind Name und Bezeichnung für diese absolute Rarität.

Graubünden war einmal ein ärmlicher Agrarkanton, viele Bündner emigrierten. Drei von Grischotts Urgrossvätern sind die USA ausgewandert, nur einer ist geblieben. Von diesem letzten Zweig hat Gion Grischott Wiesen geerbt, die heute alle verpachtet sind. Wie viele Bündner beschäftigte er sich auch mit der Jagd, ebenso mit der Fischerei. Heute ist er nur Imker, während seine Frau einen Waldkindergarten führt. Auch ihre vier Kinder sind in der Region geblieben. Als Koch der eine Sohn, der andere als Baumpfleger, eine Tochter als Hebamme. Lauter bodenständige Brotberufe.

Erst nach einer langen Pause beantwortet Grischott die Frage, was Honig für ihn bedeutet: *«Für mich ist Honig das, was die Bienen am Leben erhält. Und für sie wie für uns ganz klar ein Heilmittel.»* Etwas kürzer wird die Pause nach der Frage, was guter Honig sei. *«Das ist der Fall, wenn meine Familie am Sonntagmorgen beim Frühstück schwärmt: Papa, phantastisch, wie der schmeckt.»*

«Wir essen viel Honig. Bei uns gibt es eigentlich nur Honig. In Phasen. Dann kommt wieder der schwarze Holler, weil meine Frau auch viele Konfitüren macht. Anschliessend geht es mit Honig weiter. Wir kriegen ihn von überall. Ich habe grosse Freude dran, die Landschaft zu kosten, die da drinnen ist.»

Würde man die Mitte der Alpen an einem Ort festmachen wollen, diese Stelle könnte nur unweit von Pignia liegen. Der nahe gelegene Splügenpass stellt die Grenze zwischen Ost- und Westalpen dar. Und der nur wenige Kilometer südlich verlaufende Hauptkamm der Alpen trennt die Nord- von den Südalpen. Die alte Route über den San Bernardino ist die kürzeste Verbindung zwischen dem Bodenseeraum und Italien. Lange Zeit war er wichtiger als der Gotthardpass. Historische Säumerpfade, in den Fels geschlagene Halbgalerien und die Abstiege in die Schluchten zeugen davon. Die Region ist mehrsprachig. Im Averstal siedelten Walser mit zahlreichen Weilern in höheren Lagen, das Val Schons ist rätoromanisch geprägt. Diese Vielsprachigkeit hat sich bis heute erhalten.

«Wenn ich Honig abdeckeln müsste, wenn ich Honig schleudern müsste, hätte ich schon lange aufgehört. Das mache ich nicht. Das ist nicht meine Welt.

Gion Grischott stellt seinen Bienenstand wie viele Demeter-Imker im Kreis auf.

Ich arbeite an den Bienen und meine Frau hilft mir. Ich bringe den Honig, sie verarbeitet den Honig. Wenn es um das Rühren geht, mache ich es selber. Rühren, das ist Chefsache!» beschreibt der Imker die strikte Arbeitsteilung mit seiner Frau. *«Ich frage sie dann immer wieder: Was denkst du? Ist der in Ordnung? Können wir den abfüllen? Dann sagt sie: Nein! Ich sag: Doch! Sie sagt: Nein! Wir warten, bis er perfekt ist, und dann kommt sie und sagt: Wir müssen abfüllen! Gut, machen wir, aber es ist schon 23 Uhr am Abend. Jetzt? Okay, machen wir das! Dann hole ich meine ganze Familie aus dem Bett. Wir fangen um ein Uhr am Morgen an abzufüllen und arbeiten bis fünf, sechs Uhr in der Früh.»*

Grischotts Augen beginnen zu leuchten, als er von seinen Erlebnissen mit Bienenschwärmen erzählt: *«Da hinter dem Haus, da waren zwei Bienenvölker, die sind gleichzeitig geschwärmt. Die waren gleichzeitig in der Luft, und ich bin mir sicher, dass ich selbst auch mindestens eineinhalb Meter über dem Boden geschwebt bin, ich war so glücklich. Ich hatte solche Freude, habe alles um mich herum vergessen und mich nur auf diese beiden Bienenschwärme in der Luft konzentriert. Da hinten auf den kleinen Bäumen sind sie gehangen, auf zwei verschiedenen Bäumen.»* Eindrucksvoll schildert er auch ein anderes Erlebnis. *«Es regnete eine ganze Woche lang, und dennoch hatte ich das Gefühl, ich müsste zu meinen Bienen. Und siehe da, da hing tatsächlich ein Schwarm, trotz der Kälte. Auf einmal kam die Sonne raus und die Bienen begannen auszuschwärmen. Ich dachte nur: Bei dieser Kälte, das gibt es doch nicht! Doch der Schwarm liess sich nicht beirren und flog weiter herum. Ich war völlig ratlos. Und plötzlich flogen sie in den Wald hinein. Ich ihm nach, doch um ihm folgen zu können, musste ich die Felsen hochklettern, hab' ihn fast verloren. Ich bin immer weiter geklettert, bis ich eine Lichtung erreicht habe. Da war er, der Schwarm. Er hat mir diese Lichtung gezeigt, die seither zu meinen Stammplätzen für die Bienen gehört.»*

Wie in seiner Geschichte kommt auch bei unserem Besuch plötzlich die Sonne hinter den Wolken hervor. Die Konturen der Bündner Landschaft treten deutlich hervor. Frisch geschnittenes Wiesland überspannt bizarre Geländeformationen. Üppiges Grün wechselt mit fleckenbildenden Gesteinsbrocken. Es wird kalt. Nebel wandert die Bergflächen aufwärts, dazu der monotone Laut von näherkommenden Dohlen. Die Würze von Heu liegt in der Luft, Kindheitserinnerungen kommen auf.

Erinnerungen, die laut Grischott auch viele seiner Kundinnen und Kunden immer wieder mit seinen Honigen in Verbindung bringen: *«Die Leute kommen und kosten den Sommerhonig und sagen: So war's früher, genau so muss Honig schmecken. Dann bin ich stolz darauf, dass der Honig so ist, wie er immer war. Dass das auch so bleibt, genau daran möchte ich weiterhin arbeiten. Das ist mir wichtig, nicht nur für mich, auch für die Bienen. Wir leben hier drin im Tal, und für mich ist das wie in der Bibel beschrieben: Der Ort, wo Milch und Honig fliessen, da ist das Paradies. Und das soll so bleiben. Aber da müssen wir daran arbeiten, alle zusammen.»*

Und dennoch weiss Gion Grischott ganz genau, dass sich der Geschmack des Honigs ändern wird. Mit dem wärmeren Klima wandern neue Trachtpflanzen ins Tal, mit der Gülle auf den Wiesen nimmt der Löwenzahn überhand, und auch die Bewässerung der Weiden wird die Artenvielfalt verändern. Die Bienen werden sich anpassen müssen.

Die Alpenrose blüht im Juni und im Juli.

Reiner Schwarz

«Die Biene ist ein Symbol der Unendlichkeit. Ihre Völker vermehren sich immer und immer wieder, geschaffen für ein ewiges Dasein.»

Löwenzahnfeld in Oberbayern (D)

Marquartstein
Oberbayern
Bayern

Reiner Schwarz

Ein Meer von Löwenzahn

Minus 24 Grad Celsius an einem Bienenstand! Noch dazu knapp vor Beginn des Frühlings! Einige kleine Reservevölker von Reiner Schwarz haben diesen extremen Temperatursturz nicht überstanden. Die Überlebenden hat der Chiemgauer Imker vor der darauffolgenden, wiederum sehr kalten Nacht in eine ungeheizte Kammer getragen. Wetterkapriolen wie diese stellen selbst für erfahrene Imker eine grosse Herausforderung dar.

Erst spät liessen sich im Waldland der Chiemgauer Alpen die ersten bajuwarischen Siedler nieder. Vermutlich geschah dies um das 10. und 11. Jahrhundert. Als diese Pioniere in den Nordalpen eintrafen, fanden sie einen Naturraum mit dichter Bewaldung vor. Die Talböden waren an vielen Stellen von Überschwemmung bedroht. Die schwierigen Lebensbedingungen boten kaum mehr als das, was für eine karge Selbstversorgung nötig war. Etwa um das Ende des 11. Jahrhunderts begann der hochmittelalterliche Siedlungsausbau im gesamten Bereich der Nordalpen. In dieser Zeit entstand jenes reizvolle und uns vertraute, mittlerweile fast tausendjährige Landschaftsbild, das den Nordalpenrand bis heute prägt.

Die Bienenstände von Reiner Schwarz im Tal der Tiroler Ache tragen Namen wie: Niedernfels, Streunthal, Mooshäusel. Die Nektarquellen sind unterschiedlich und ebenso sind es die Frühlingshonige. Der hocharomatische Löwenzahnnektar ist jedoch in allen dominant und nirgendwo im Alpenraum so prägnant wie hier. Der Geruch ist sehr intensiv und erinnert an zerdrückte Löwenzahnblüten, mit denen man als Kind sich und anderen das Gesicht gelb bemalte. Am Gaumen sind zuerst eine angenehme Frische und mittlere Süsse wahrnehmbar. Dann folgt ein langer Abgang mit Noten von Kamillenblüten, Meerrettich und weissem Pfeffer. *«Der Wind und das rauhe Klima machen es den Bienen nicht leicht. Morgens weht er aus dem Gebirge in Richtung Norden, nachmittags dann umgekehrt»*, erklärt der Imker die kleinklimatischen Verhältnisse. Die Bienenstöcke befinden sich auf einer Seehöhe von 560 bis 750 Metern. Den ersten Pollen im zeitigen Frühjahr liefert die Haselnuss, dann folgen verschiedene Weidenarten, die entlang der Tiroler Ache und ihren Zuflüssen wachsen. Den Nektar der Streuobstwiesen benötigen die Bienen noch für ihre Entwicklung. Ende April folgt dann mit dem Löwenzahn die erste Massentracht, die etwa zwei Wochen anhält. Nektareintrag von Bergahorn, Rosskastanie und Bärlauch ergänzen die Sammeltätigkeit der Bienen.

Honigbienenstand
Es wird gebeten die Damen mit Umsicht zu behandeln! Eine beleidigte Biene fliegt schneller als Sie laufen können!
Imkerei Schwarz, Marquartstein, 0176-21048344

Die Linde spielt im Achental, wie übrigens fast überall am Alpennordrand, keine grosse Rolle. Die Waldtracht beginnt meist um den 20. Mai. *«Wir haben hier eine relativ stabile Tracht, fast jedes Jahr. Wenn die Völker da sind, hast du deinen Waldhonig. Am besten honigt die Fichte in Talnähe, wo die aus dem Tal aufsteigende Morgenfeuchtigkeit der Ache noch hinkommt,»* so Reiner Schwarz. *«Weiter oben gibt es keinen Waldhonig mehr. Einem Imkerkollegen mit einem Bienenstand auf 1000 Meter Seeehöhe sind die Bienen sogar schon einmal verhungert. Tannenhonig gibt es hier nur selten.»* Zur Zeit der Sommersonnenwende ist die Honigsaison meist zu Ende.

Das Gebiet des Chiemgaus erstreckt sich von den Chiemgauer Alpen im Süden bis zum Alz-Hügelland nördlich des Chiemsees. Die höchste Erhebung ist das 1961 Meter hohe Sonntagshorn. Der Berg befindet sich direkt an der Grenze zu Salzburg. Daran schliesst eine voralpine Hügel- und Moorlandschaft an, die während der letzten Eiszeit von einem mächtigen Vorlandgletscher bedeckt war. Mit dem Rückzug des Eises füllten sich die Vertiefungen mit Schmelzwasser und begründeten den typischen Landschaftscharakter des Chiemgaus mit vielen Mooren und Seen.

Die Wälder Bayerns mit ihrem hohen Fichtenanteil bieten ein gutes Angebot an Honigtau. Darüber hinaus ist Bayern auch reich an Wiesen, Hecken, Obstkulturen, Raps- und Sonnenblumenfeldern, die Nahrung in Form von Blütennektar und Pollen für die Bienenvölker bieten. Unter allen deutschen Bundesländern hat Bayern die meisten Imker, die meisten Bienenvölker und mit 4,19 Bienenvölkern pro Quadratkilometer die höchste Bienendichte. In den drei bayerischen Imkerlandesverbänden sind rund 28 000 Imker organisiert, die rund 330 000 Bienenvölker halten. Womit Bayern einen Drittel des deutschen Gesamtbestandes an Bienenvölkern beheimatet.

Der Chiemsee ist landschaftsprägend für die Region. Er wird auch «Bayerisches Meer» genannt. Der See ist ein Relikt des urzeitlichen Thetismeeres, das einst halb Europa bedeckte. Wie alle Voralpenseen verlandet der Chiemsee stark, er verliert jährlich etwa 1,2 Hektaren seiner Wasserfläche. Grund dafür sind riesige Mengen an Kies, Schlamm und Schwebstoffen, die der Hauptzufluss, die Tiroler Ache, in den See einbringt. Das Verlandungsgebiet steht seit 1954 unter Naturschutz. Hier, am Südufer des Chiemsees, in der Nähe dieser Moore, hat Reiner Schwarz einen seiner Bienenstände.

«Wir können hier ja keine Tonnen von Honig ernten», meint der Imker lakonisch. Schon sein Schwiegervater habe, wenn sonst kein Nektar vorhanden war, die Alpenrose ausprobiert. *«Das hat damals nicht funktioniert und ist heute nicht besser. Selbst wenn man mit den Bienen bis ins Griesener Tal wandert»,* so Reiner Schwarz über seine imkerlichen Möglichkeiten. Im Münchner Raum werde zwar Raps angebaut, aber die Pfründe seien da meistens schon abgesteckt. Und der Rapshonig sei hier auch nicht zufriedenstellend. Es gebe zwar schöne Rapsfelder, doch sondern hier die Rapsblüten kaum Nektar ab. Zu gering ist die Feuchtigkeit auf diesem Moränenuntergrund rund um den Chiemsee mit seinen Kiesschichten und seiner dünnen Humusschicht. Und Sonnenblumen werden nur als Gründüngung angebaut, sie spielten in der Gegend als Nektarpflanze keine Rolle. Die geringen Honigernten sind denn auch ein Grund dafür, dass sich Reiner Schwarz vor allem auf die Zucht

Um von sich abzulenken, besänftigt Reiner Schwarz seine Bienen mit Rauch.

spezialisiert hat. Seine begehrten Königinnen, ausgestattet mit einem kleinen Hofstaat an Begleitbienen, versendet er in ganz Europa.

Einen Lieblingsbienenstand habe er und der sei in der Mitte der breitesten Stelle des Achentales, am Rand von einem Flachmoor. *«Genau da, wo das Flachmoor in das Hochmoor übergeht. Da haben die Bienen sowohl Wald als auch Moor aussenrum. Der Boden ist dort feucht. Die Bienen überwintern da besonders gut, weil das Tal nach Süden offen ist. Nirgends scheint hier unten die Sonne länger.»* Ganz in der Nähe des Bienenstandes steht auch der älteste Hof des Tales.

Schwarz stammt aus ärmlichen Verhältnisse, seine Familiengeschichte spiegelt die Nachkriegsgeschichte des Landes im kleinen. Die Verwandten väterlicherseits sind alle nach Amerika ausgewandert. Schwarz' Mutter war 1944 aus Schlesien geflüchtet, wo die Familie einen kleinen Bauernhof bewirtschaftet hatte. *«Als die Russen im Anmarsch waren, sind sie dem Erzgebirge entlang nach Westen geflüchtet. Der eine Teil der Familie ist jenseits der Grenze hängengeblieben, ein anderer Teil ist in Erfurt gelandet.»* Und ein weiterer Ast der Familie sei in Österreich gelandet. Die Oma habe insgesamt fünf Kinder von vier Vätern gehabt. *«Das waren wohl die Bürden des Krieges!»*

Der Nebenerwerbsimker ist im Brotberuf Betriebsinformatiker. Die Bienen hat er nach dem Tod des Schwiegervaters übernommen. Gelernt hat er «Kaufmännisches», aber er hat immer neben Bienen gewohnt. *«Wir hatten ja kein eigenes Haus, nur eine Wohnung. Und aus meinem Kinderzimmerfenster habe ich immer auf das Bienenhaus des Nachbarn geschaut»*, erzählt er von früher. Sein Schwiegervater ist 1992 gestorben, von ihm hat er nicht mehr viel lernen können. *«Ich war für ihn nur der Honigträger. Aber meine Frau hat sich immer besser ausgekannt, weil sie ja damit gross geworden ist.»* Also hat auch sie in der ersten Zeit danach die Imkerei weiter betrieben, bis die Kinder kamen. Dann habe er die Arbeit mit den Bienen übernommen.

Schnell hätte er sich daran gewöhnen müssen, ohne Brille zu arbeiten. Er habe bemerkt, dass die «Viecha» immer auf das spiegelnde Glas fliegen. *«Wenn die dann hinterm Glas sitzen und man zwinkert mit dem Auge, dann fühlen sie sich bedroht und stechen dich entweder unterm Aug' oder ins Lid»*, erklärt Schwarz sein Dilemma. Heute setze er auch wieder öfter das Bienennetz auf. *«Es ist einfach blöd, wenn du am nächsten Tag irgendwo einen Vortrag hast und du kommst mit einem geschwollenen Auge daher.»*

Sein Schwiegervater hat früher mehrfach Bienenstöcke mit dem Motorrad zur Alpenrose auf das Almgebiet des Geigelsteins gebracht. Mit der ausdrücklichen Fahrerlaubnis der Forstverwaltung. Er habe sich immer zwei oder drei Bienenvölker auf eine Art Gepäckträger geschnallt und sei damit losgefahren. *«Uamal hot's n gschmissn ... deis hot a sich gmerkt»*, erzählt Reiner Schwarz schmunzelnd im Chiemgauer Dialekt.

Den Nordalpenrand entlang ändere sich am Sortenspektrum nicht viel. Die Honige seien sich alle ähnlich, meint Schwarz und erzählt: *«Wir haben bei der Fachausbildung in Linz einen Versuch gemacht. Da waren einige Imker vom Alpenrand. Und deren Honige haben wir verkostet. Da hat es dann geheissen, jeder soll seinen eigenen Honig erkennen. Das war gemein, aber hochinteressant.*

Löwenzahnfeld in Oberbayern.

Ich hab dann auch gesagt: Herrschaft! Deis kannt meiner sei! Der schmeckt richtig guat, dein kenn i, deis kannt meiner sei!» Es war aber der Honig von einem Kollegen aus Reit im Winkl.

Honig vom Löwenzahn gibt es leider immer weniger. Durch die intensive Grünlandbewirtschaftung und den häufigen Grasschnitt kommt der Löwenzahn kaum noch zum Blühen. Denn ihn gibt es eigentlich nur dort, wo die Wiesen ökologisch bewirtschaftet werden. Das ist leider nur hinten im Tal der Fall. Im Ort Schleching etwa gibt es noch 30 landwirtschaftliche Betriebe, von denen 21 auf ökologische Bewirtschaftung umgestellt haben und einige auf Demeter. Da habe man den Wandel richtig wahrgenommen: *«Das war Anfang der neunziger Jahre, und da hat man richtig gemerkt, dass es wieder eine Wiesentracht gibt. Weil einfach deutlich weniger oft gemäht wird. Weil Heu gemacht wird und nicht Silage. Leider ist es da hinten aber auch wieder kühler»*, so der Imker. Heute sei der Frühjahrshonig zwar noch schön gelb, dennoch sei der Anteil an Löwenzahnpollen eher gering, häufiger sei da der Pollen von Vergissmeinnicht.

Passend zu seiner Philosophie und seiner Haltung zu den Bienen: Ein Symbol für die Unendlichkeit sei die Biene für ihn. Denn ein Bienenvolk lebe ja schliesslich auch unendlich, indem es sich immer wieder und wieder weitervermehre. *«Die ganze Schöpfung ist doch für ein ewiges Dasein geschaffen»*, so Schwarz.

Der Löwenzahn ist ein ergiebiger Nektar- und Pollenlieferant.

Eric Cléo,
Servoz
Philippe Coste,
Cipières
Basel
Mailand
Genua
Venedi
Schwarzwald
Schwäbischer Jura
Rauhe Alb
Vierwaldstätt. A.
Glarner A.
Berner A.
Walliser A.
Lepontische A.
Penninische A.
Grajische A.
Cottische Alpen
Meer Alpen
Ligurische A.
Allgäuer A.
Nordtiroler Kalk-A.
Ötztaler Alpen
Rhätische A.
Bernina
Ortler-A.
Südtiroler
Dolomit-A.
Bergamasker A.
Adamello
Trienter A.
Vicentinische A.
Zillertal. A.
Hohe T
Oberbayern
Hochebene
Fränkische Jura
Oberpfalz
Golf v. Genua
Riviera di Ponente
Riv. di Levante
Matterhorn
Mt. Rosa
Gran Paradiso
Mt. Viso
Mt. Cenis
Mt. Pelvoux
Zugspitze
Säntis
Tödi
Pilatus
Rigi
Jungfrau
Finsteraarhorn
Bodensee
Rhein
Donau
Po
Landhöhen:
niedriger als der Meeresspiegel
0 - 100 Meter
100 -
200 -
Höhenzahlen schwarz

Die Honige der Westalpen

Akazienhonig
Alpenrosenhonig
Baumheidehonig
Bohnenkrauthonig
Brombeerhonig
Edelkastanienhonig
Eichenhonig
Erdbeerbaumhonig
Feldthymianhonig
Fenchelhonig
Fichtenhonig
Heidekrauthonig
Himbeerhonig
Lavendelhonig
Luzernenhonig
Lindenhonig
Löwenzahnhonig
Rosmarinhonig
Sonnenblumenhonig
Tannenhonig
Thymianhonig

Philippe Coste

«Die Natur mischt ihre Karten jedes Jahr neu. Die Arbeit mit den Bienen erinnert an ein Pokerspiel: Manchmal gewinnt man, manchmal verliert man.»

Karstfeld in der Provence (F)

Cipières
Département Alpes Maritimes
Provence

Philippe Coste

Der Honig aus dem Tal der Mitte

Die Agglomeration von Nizza–Antibes: Ferienklötze säumen die Küste in mehreren Reihen, in ihrem Erdgeschoss ausgestattet mit tourismusnahen Gewerben wie Nagel- und Schönheitsstudios, Immobilienbüros und Bankfilialen. Darüber in vier Etagen stützstrumpffarbene Ferienwohnungen mit grossen Alubalkonen und Meerblick. Auf der Küstenstrasse herrscht Parkplatznot, der Individualverkehr ist völlig überlastet, lange Autoschlangen kriechen von Verkehrskreisel zu Verkehrskreisel. An den Rändern dieses Tourismusghettos grössere und kleinere Villen, teils türmchenbewehrte schlossartige Anwesen, abgeschottet mit Zäunen, Schranken und Einfahrten mit «Propriétée privée»-Schildern. Dahinter folgen Gewerbezonen, Einkaufszentren, Tankstellen. Erst die Hügellandschaft und der Anstieg hinauf ins Bergland setzen der planlosen Zersiedlung ein jähes Ende.

Hier zeigt sich die Provence von ihrer Sonnenseite, ein prächtiger Frühlingstag trägt das Seine dazu bei. Ein freundlicher, älterer Herr bringt das Bier auf die Terrasse der Auberge du Loup, die von Palmen gesäumt und mit üppigem Grün verwachsen ist. Der wie der Diener eines grossen Hauses scheinende Kellner ist der Eigentümer. Dabei wirkt er selbst wie ein Teil des Inventars: hohe Räume mit riesigen Fenstern, alte Fliesen, Heiligenbilder an den Wänden. Nachts hört man nur das Rauschen des Flusses, dessen Namen auch unsere Herberge trägt.

Am nächsten Tag folgen wird dem Loup flussaufwärts. Das Gewässer erlebt auf seinem 49 Kilometer langen Verlauf ein Gefälle von nicht weniger als 1310 Metern. Wir erreichen Cipières, ein Bergdorf in den Seealpen mit einigen Hundert Einwohnern, eine Siedlung, angelegt wie eine Festung. Die auf Fels gebauten Häuser wirken wie aus einem Stück gemeisselt, die menschliche Siedlung als natürliche Fortsetzung des Steins. Es ist Mitte April. Auf 650 Metern Seehöhe stehen Kirsche und Löwenzahn in voller Blüte. Etliche Esel sind zu sehen, überall picken Hühner herum, nur selten lässt sich ein Bewohner blicken. Ein paar Kilometer ausserhalb des Dorfes empfängt uns der 50jährige Imker Philippe Coste mit seiner Frau Sophie und führt uns auf direktem Weg in seinen Honigverarbeitungsraum.

Wir nehmen auf bereitgestellten alten Bienenkisten Platz. Von seinen Grosseltern hat er ein Stück Land geerbt, versteckt in den Bergen, perfekt als Standort für seine Bienenstöcke. Costes Grossmutter stammt aus der benachbarten Lombardei, einem Dorf in der Nähe des Lago Maggiore. Bereits 1932 ist sie in die Seealpen ausgewandert auf der Suche nach Arbeit. Die sie zunächst

an der Côte d'Azur in grossen Hotels fand, bevor sie auf einem Spaziergang das Dorf Cipières entdeckte und sich entschied, hier ihr Leben zu verbringen. *«Sie war eine gute Köchin, so wie viele Italienerinnen, und sie entschied sich, hier ein kleines Restaurant zu eröffnen»*, erzählt Coste mit spürbarem Stolz auf seine italienische Vorfahrin. Und sie hatte Erfolg: Sechzig Jahre lang bekochte sie ihre Gäste. Costes Grossvater stammt aus der Gegend, baute Linsen und Kichererbsen an. Hülsenfrüchte, die wenig Wasser brauchen. Und er kultivierte Wildlavendel, der im Dorf destilliert wurde.

«Ich bin hier, in dieser weiten Natur geboren, hinunter in die Stadt kommen ich und meine Frau nur selten und wenn, dann allenfalls, um unseren Honig zu verkaufen.» Gemeinsam haben sie etwas ausserhalb des Dorfes einen Flecken Land gekauft, ein Haus gebaut und hier ihr Agrarprojekt gestartet, um sich den Traum eines unabhängigen Lebens zu erfüllen. Mit einem grossen Garten, einer kleinen Pferdezucht und später auch mit Bienen. *«Heute beschäftigen wir uns vor allem mit der Imkerei und etwas weniger mit den Pferden»*, erzählt Coste. Die Wildpflanzen haben es ihm und seiner Frau angetan, die sie auch in der Küche oft verwenden. Sophie Coste ist zudem Krankenschwester und Naturheilerin, das Wissen über die Pflanzen kommt ihr hier zugute. Fleisch kommt bei ihnen selten auf den Tisch. *«Mein Vater war staatlicher Jagdaufseher, dennoch bin ich nie zum Jäger geworden, obwohl ich es versucht habe. Schnell habe ich jedoch gemerkt: Ich kann keine Tiere töten, mag das einfach nicht»*, so Coste.

Umso intensiver kümmert er sich um seine Bienen, stattliche zweihundert Bienenstöcke stehen Mitte April noch in ihrem Winterquartier im Esterel, einem Naturschutzgebiet direkt an der Küste bei Fréjus. Im warmen Klima blühen auch im Spätherbst und Winter zahlreiche Pflanzen wie etwa der Erdbeerbaum. Zudem ermöglichen Rosmarin, Baumheide und der wilde, in dieser Gegend heimische Schopflavendel den Bienen einen raschen Start in den Frühling. Das Privileg des wärmeren Klimas. Insgesamt haben seine Bienen hier gegenüber jenen, die im rauhen Gebirgsklima von Cipières überwintern, einen Entwicklungsvorsprung von drei Wochen. Der Standortvorteil der Küstenregion macht es nur selten nötig, dass Coste seine Bienen vor dem Winter auffüttern muss. Auch heuer nicht, obwohl das Frühjahr etwas später eingesetzt hat als sonst. *«Dank dem regenreichen Vorjahr haben die Baumheiden viel Wasser aufgenommen und präsentieren sich nun mit vielen Knospen. Normalerweise gibt es kaum Honig, wenn die Baumheide im März blüht. Es ist dann schlicht zu trocken.»* Doch dieses Jahr sieht es gut aus, auch der Schopflavendel steht bereits in voller Blüte. Frühestens im Mai bringt Coste die Bienen von der Küste hinauf in die Berge.

Mit einigen Völkern fährt er jedes Jahr in den Aveyron, einem Département im südwestlichen Zentralmassiv. Dort wachsen Edelkastanien. *«Die Bienen hatten noch Vorrat an Baumheidehonig aus ihrem Winterquartier in den Waben. Den haben sie mit frisch eingetragenem Edelkastanienhonig vermischt.»* Ein komplexes Geschmackserlebnis, wie eine Kostprobe dieses Baumheide-Kastanien-Honigs Aveyron beweist.

Einige Völker bringt Coste hinauf in die Lavendelfelder des Département Alpes-de-Haute-Provence. Hier gewinnen seine Bienen den Lavendelhonig, den Coste in Grossgebinden verkauft, an Freunde, die in der Gegend ihre

Philippe Coste arbeitet an seinem Bienenstand in der Provence.

Verkaufstände betreiben. Ein Honig, der ihm dabei hilft, seinen Kunden den Unterschied zwischen dem auf dem Hochplateau gewonnenen Wildlavendelhonig und dem Honig aus dem Lavandin, einem Lavendel-Hybrid, aufzuzeigen, den man aus verschiedenen Lavendelarten gezüchtet hat.

Und dieser Unterschied ist eindeutig. Der Honig des Zuchtlavendels ist so, wie man ihn normalerweise kennt: fast weiss, weichkristallin, mit Aromen von trockenem Stroh und vor allem sehr süss. Der Honig vom Wildlavendel dagegen ist die zweite Überraschung dieses Tages: crèmefarben mit feinen Aromen von grünen Äpfeln und einem komplexen Geschmack mit einer dezenten Säurenote. Die nächste Überraschung folgt unmittelbar darauf: sein Miel de Sarriette, der Honig vom Bohnenkraut, wie der Wildlavendelhonig auf dem Karstplateau von Calern geerntet. Ein Honig mit einer sandigen Naturkristallisation, im Farbton ähnlich wie der Wildlavendel mit einem Stich ins Graugrüne, einer ausgeprägten blumigen Würze in der Nase und am Gaumen mit einem leichten Bitterton und einer Kaffeenote. Die Blüte des Wildlavendels beginnt Ende Juni und dauert bis Ende Juli, wenn es regnet, auch länger. Das Bohnenkraut blüht später, meist ab Ende Juli. So gelingt es, die beiden Sorten getrennt zu ernten.

Auf dem voralpinen Plateau de Calern, das bis auf 1458 Meter hinaufreicht, findet man zwischen Bohnenkraut und Wildlavendel auch Feldthymian und viele Arten von Orchideen. *«Mein Lieblingsstellplatz»*, gesteht der Imker. Hier liegt das Land, das er von seinen Grosseltern geerbt hat. Ein magischer Ort, den es zu beschützen gilt. Nur für wenige Wochen zeigt sich die karge Karstlandschaft in prachtvoller Blüte. Im Patois, dem lokalen Dialekt, heisst dieser Ort, der zwischen zwei Tälern liegt, «Vaumeillan». Zu deutsch: Tal der Mitte. *«Hier gibt es nur Blumen und die sogenannten ‹bourri›, die alten Steingebäude der Schäfer.»* Gebaut mit den vor Ort vorhandenen Steinplatten, sehen sie aus wie Iglus aus Stein.

Für den Erhalt dieser Landschaft wird Coste seit kurzem unterstützt, insbesondere für die Neuauspflanzung von Wildlavendel, der für die Parfumindustrie bestimmt ist. *«Das lohnt sich, denn Tests haben gezeigt, dass sein Gehalt an ätherischen Ölen doppelt so hoch wie bei Hybridlavendel aus Plantagen ist»*, begründet Coste seinen Einsatz. Die Pflanzen wurden hier oben jahrelang nicht mehr betreut, erst 2018 haben Coste und seine Mitstreiter wieder damit begonnen, sie zu schneiden. Problematisch ist auch hier oben, wie überall in den Bergen, die Schafhaltung, da die Tiere alles fressen. Früher gab es allein in Costes Gemeinde 31 Schafhalter, heute ist es nur noch einer, der rund 300 bis 400 Hektaren Fläche gepachtet hat und seine Tiere auch auf die übrigen Flächen treibt. *«Die Schafe gab es immer, und das respektiere ich auch. Nur möchte ich den Schäfern beibringen, dass sie einige Orte mit ihren Tieren in Ruhe lassen, damit auch der Wildlavendel und andere Pflanzen weiterwachsen können.»* Ein Prozess, der durch die ständige Beweidung gefährdet ist.

Die grösste Gefahr für die Imker in der Provence sieht Coste jedoch in der *Vespa velutina*, einer ursprünglich in Zentralasien beheimateten Hornissenart. *«Mit der Varroamilbe haben wir gelernt zu leben, aber diese Hornisse verursacht seit einigen Jahren riesige Schäden an den Bienenvölkern in der Region.»* Das auch *frelon asiatique* genannte Insekt wurde erstmals 2004 in Südfrankreich nachgewiesen. Es breitet sich seither in ganz Frankreich aus

Typische provenzalische Karstlandschaft.

und kann innerhalb von kurzer Zeit eine sehr hohe Populationsdichte erreichen. Parasiten haben die Bienenhaltung in den letzten Jahrzehnten von Grund auf verändert und werden dies auch in den nächsten Jahren noch tun, ist Coste überzeugt.

Verändert haben sich in Cipières auch die Gesellschaft, das Leben und der Zusammenhalt. Früher feierten die Bewohner hier oben noch grosse Dorffeste, für die jedes Haus mit prächtigen Blumenbouquets geschmückt wurde, für die alle Jungen im Dorf drei Tage Blumen gesammelt, sie zusammengestellt und damit das Fest vorbereitet haben. *«Wir haben viel gelacht und gefeiert. Das ist heute alles vorbei, niemand mehr hier leistet Freiwilligenarbeit»*, klagt Coste. Viele Häuser wurden zu Ferienhäusern umgewandelt. Den Grossteil des Jahres stehen sie leer, im Winter verwaist das Dorf, einen Laden gibt es schon lange nicht mehr, auch die Schule steht vor der Schliessung. *«Um einzukaufen, müssen wir heute weit fahren.»*

Die Landschaft, in der Coste arbeitet, ist heute begehrter denn je, die Bodenpreise steigen ins Unermessliche. Die ganze Côte d'Azur ist heute zugepflastert. Als Coste ein Kind war, war die Küste noch von Blumenfeldern geprägt, sehr viele Rosen waren darunter, Blumen für den Markt. Bis die Holländer mit billigeren Preisen den Markt überschwemmten und die Bauern ihre Grundstücke an wohlhabende Interessenten aus allen Teilen Frankreichs und aus dem Ausland zu verkaufen begannen. Dort, wo die Blumen früher blühten, reiht sich heute Villa an Villa, eine grösser als die andere, viele mit eigenem Pool. *«Jeder, der Geld hatte, wollte seine Villa am Meer, möglichst in der Nähe von Monaco.»* Was gut sei für das Geschäft, da diese Kundschaft auch problemlos etwas mehr für den Honig bezahle. *«Nur stimmt für mich die Richtung nicht, hier ist zu viel in Unordnung geraten»*, lacht Coste und schiebt nach: *«Aber wahrscheinlich bin ich da ziemlich konservativ.»*

Früher lebte Philippe Coste weniger zurückgezogen, vor zwanzig Jahren noch, da war er Musiker. Als Gitarrist spielte er in den unterschiedlichsten Jazzformationen, tingelte von Bar zu Bar. Quer durch das ganze Land, oft auch nach Paris. Einige seiner Instrumente hat er selber zusammengebaut – sein manuelles Talent kommt ihm heute auch bei der Arbeit mit den Bienen zugute. Die Musik sei ein ziemlich undankbares Geschäft, im Gegensatz zur Imkerei, die bodenständiger sei und ihn der Natur wieder nähergebracht habe, begründet Coste seinen beruflichen Wandel. *«Mit der Imkerei wird man nicht reich, denn die Natur mischt ihre Karten jedes Jahr neu. Die Arbeit mit den Bienen erinnert mich gelegentlich an ein Pokerspiel: Manchmal gewinnt man, manchmal verliert man.»*

Wenn Coste mit den Bienen arbeitet, trägt er immer einen Hüftgurt. Die Bandscheiben wolle er schonen, was er auch mit einer speziellen Körperhaltung erreiche. Und oft arbeite er sitzend, auf einer Bienenkiste, immer neben dem Bienenstock. Nur für grössere Bewegungen stehe er auf, sonst komme er mit der Arbeit nicht weiter. *«Die Korsen, so sagt man hier, die sitzen viel, die sitzen fast immer. Und wir sind ja nicht weit weg von Korsika.»*

Auf einen nächsten Besuch müssen wir die Besichtigung der Wildlavendelfelder im Tal der Mitte verschieben. Auf nächstes Jahr, Anfang Juni. Ein Bild davon haben wir bereits im Kopf – und den Geschmack davon in Form eines grossartigen Honigs im Gepäck.

Der Lavendel beginnt in der Provence oft schon im April zu blühen.

Eric Cléo

«Wir verkaufen den Honig kaum, da wir alle grosse Familien haben. Da bleibt nicht viel übrig für Aussenstehende.»

Blumenwiese in Hochsavoyen (F)

Servoz
Département Haute-Savoie
Rhônes-Alpes

Eric Cléo

Der legendäre Honig von Chamonix

Gegen Ende des 18. Jahrhundert stand der Miel de Chamonix im Ruf, einer der besten Honige Frankreichs zu sein. Der helle Blütenhonig aus dem Hochgebirge erzielte Höchstpreise auf den grossen Honighandelsplätzen Europas. Confiserien im Nobelkurort Chamonix priesen unter seinem Namen auch ihren Nougat an, eine schaumig gerührte Masse aus Honig und Eiweiss, versetzt mit Nüssen und kandierten Früchten. Allerdings bemerkte schon im Jahre 1886 ein Imker an einer Konferenz der heimischen Bienenfreunde: *«Unter diesem Etikett wird weit mehr Honig verkauft, als hier oben überhaupt geerntet werden kann.»*

Grund genug, uns auf die Suche nach dem renommierten Honig zu machen. Die Website des Tourismusverbandes des Tals von Chamonix klingt vielversprechend: *«Die ganze Welt trifft sich in ‹Cham›. In den Strassen dieser Hochgebirgsstadt können Sie alle Sprachen hören.»* Chamonix, mitten in der Hauptsaison, ist tatsächlich ein Erlebnis. Horden von Touristen in der nur wenige Strassen umfassenden Fussgängerzone, eingekeilt von protzig-hässlichen Hotelbauten. Was die Sprachen anbelangt, überwiegt bei weitem britisches Englisch: Inselbewohner, die abends in von Müdigkeit schweren Skischuhschritten sich selbst und ihr Sportgerät zurück in pistennahe Unterkünfte schleppen. Briten, auf deren erschöpften Gesichtern beim Bier in den Après-Ski-Bars bizarre Sonnenbrandmuster leuchten.

Der Honig von Chamonix scheint überall bekannt zu sein, ausser in Chamonix selbst. *«Honig ist doch überall ziemlich ähnlich, oder?»* lautet die Antwort der Verkäuferin im Refuge Payot, dem nobelsten Feinkostladen der Stadt, auf meine Frage nach Honig von Chamonix. Sie weist auf drei Stösse mit Honig aus der Region in Einheitsverpackung aus Plastik im Schaufenster und deutet auch noch auf das edel verpackte Sortiment eines Abfüllers mit Honigen aus aller Welt im Honigregal.

Abends dann ein Treffen mit ortsansässigen Imkern im talabwärts gelegenen Nachbarort Servoz, organisiert vom engagierten Bürgermeister der Gemeinde. Der abseits von den grossen Touristenströmen gelegene Ort wird vom Tourismusverband des Tals von Chamonix immerhin noch mit der Bezeichnung «urwüchsig» bedacht. Die Gemeinde erfreut sich regen Zuzugs. Unter anderem von «nouveaux-ruraux», also Leuten, die lange in Städten gelebt haben und nun versuchen, in einigen Bereichen der Landwirtschaft wie der Schafzucht oder der Imkerei Fuss zu fassen. Viele Dorfbewohner arbeiten

in der Tourismusindustrie im benachbarten Chamonix, leben jedoch in der reizvollen, direkt am Mont Blanc gelegenen Landgemeinde. Denn Wohnen ist hier, im Gegensatz zu Chamonix, noch bezahlbar.

In Servoz gibt es insgesamt zehn Imker. Nur einer davon besitzt mehr als zehn Völker und ist damit nach französischer Regelung bereits ein Erwerbsimker. Mit dieser Bienendichte entspricht der Ort dem Durchschnitt der alpinen Region von Hochsavoyen. Das Sortenspektrum der Honige des nördlichsten Teils der französischen Alpen ist dem des gesamten Alpennordrandes ähnlich. Die meisten Honige werden unter polyfloraler Bezeichnung mit der Angabe der Herkunft verkauft. Reinsortige Honige wie Alpenrose und Löwenzahn sind rar. Häufig nimmt die Honigbezeichnung Bezug auf die Höhenlage des Bienenstandes wie beispielsweise Miel de Montagne (Gebirgshonig) oder Miel de Haute Montagne (Hochgebirgshonig). Da die Region sehr waldreich ist, sind Honigtaueinträge von Fichte und Tanne häufig. Die Wanderung mit Bienen ins Hochgebirge wird nur von wenigen Imkern praktiziert.

Stärker ausgeprägt ist die Transhumance – die Wanderimkerwirtschaft in diesem Fall – im südlichen Bereich von Savoyen. Etliche Imker bringen ihre Bienen ins klimatisch begünstigte Département Drôme, das ebenso wie Savoyen und Hochsavoyen zur Region Rhône-Alpes gehört. Hier beginnt die klimatische Übergangszone zur Provence mit ihren Lavendelfeldern, grösseren Obstplantagen und ihren Beständen an Akazien und Edelkastanien. In den Blütenhonigen machen sich bereits Aromen von mediterranen Trachtpflanzen wie Thymian und Bohnenkraut bemerkbar.

Die beiden Départements Savoyen und Hochsavoyen bilden den nördlichsten Teil der französischen Alpen. Zu Frankreich sind sie erst 1860 durch eine Volksabstimmung gekommen, ein Jahr vor der eigentlichen Gründung Italiens. Die Vegetation ist komplex und das Resultat von verschiedenen Faktoren. Zum einen sind es die markanten Unterschiede in der Höhenlage, reichen die beiden Départements doch von 375 Metern am Genfersee hinauf auf den Mont Blanc mit seinen stattlichen 4810 Metern. Auch die Geologie und die Menge an Niederschlägen haben einen grossen Einfluss auf die Vegetation. Die Voralpen bestehen aus Kalkstein und werden von ozeanischen Wetterströmungen beeinflusst. Sie sind somit sehr niederschlagsreich. Die inneren Alpen hingegen, wie etwa das Mont-Blanc-Massiv, sind wesentlich trockener und auf Silikatgestein aufgebaut.

Jahrhundertelang war diese Alpenregion von einer starken Abwanderung geprägt. Die Landwirtschaft, vor allem Alpwirtschaft mit Milch-, Käse- und Fleischproduktion, ist nach wie vor ein wichtiger Wirtschaftsfaktor. Sehr stark entwickelt hat sich seit der vorletzten Jahrhundertwende der Tourismus mit Wintersport und Alpinismus, insbesondere im Tal von Chamonix.

Interessant ist, dass die Dunkle Europäische Biene, lat. *Apis mellifera mellifera,* in Hochsavoyen nach wie vor sehr stark verbreitet ist. Der Durchschnittsertrag dieser sehr gut an die alpinen Standortverhältnisse angepassten Biene ist allerdings bescheiden und beträgt nur 15 Kilogramm pro Jahr. Die Bienenschäden durch die Varroamilbe sind sehr hoch. Wegen ihr sind fast die Hälfte aller Bienen Hochsavoyens im Winter 2019/20 eingegangen.

Eric Cléo bei der Arbeit auf einer Gebirgsblütenwiese in Hochsavoyen (Bild oben).
Alte Bienenbehausungen: Klotzbeuten und Strohkorb (Bild unten).

Der Honig war auch hier oben über Jahrhunderte ein wichtiger Bestandteil der bäuerlichen Selbstversorgung. Bienen waren ein unverzichtbarer Teil des bäuerlichen Selbstverständnisses. Eine Statistik aus dem Jahre 1937 weist für die Region Rhône-Alpes mit ihren Départements Drôme, Isère, Savoyen und Hochsavoyen die stattliche Zahl von etwa 100 000 Bienenvölkern auf. Fast doppelt so viele wie die gesamte Provence. Weit über die Hälfte der Völker waren zu dieser Zeit bereits in modernen Beuten mit beweglichen Rähmchen untergebracht. Ihr Durchschnittsertrag war doppelt so hoch wie jener in traditionellen Bienenbehausungen.

Das Bienenjahr beginnt in Servoz mit dem Pollen der Haselnuss und der Weiden, etwas später des Löwenzahns. Dann folgen die Kirsch- und die Obstblüte. *«Alles zusammen kommt bei uns in den Frühlingshonig»*, erläutert Eric Cléo, einer der bei unserem Besuch anwesenden Imker. Der Eintrag von Honigtau der Fichte beginnt auf dieser Höhe meist erst Anfang Juni, ab einer Seehöhe von 800 Metern. Die Ernten sind allerdings auch hier unregelmässig. In einigen Bereichen des Tals gibt es auch Linden. *«Lindenhonig ernten wir hier allerdings nur etwa alle vier Jahre»*, sagt Cléo. Da auf den Weiden auch viel Esparsette zu finden ist und auf den Alpweiden die Alpenrose, sind auch ihre Pollen in den Honigen vertreten. Weniger allerdings, als dies früher in der Werbung für den Miel de Chamonix beworben wurde, als die von den Touristen lebenden Confiserien diesen als fast reinen Alpenrosenhonig anpriesen. Alpenmarketing pur, sozusagen.

Wie fast überall im Alpenraum geht auch auf den Wiesen und Weiden der Region die Biodiversität stark zurück. Zu hoch ist noch immer der Tierbestand, zu üppig werden die Weiden mit der Gülle gedüngt. Einer der Imker zeigt ein Foto: *«Siehst du das Braune auf den Bienenstöcken? Das ist Gülle. Die Landwirte nehmen keine Rücksicht. Sie spritzen überallhin!»*

Die Winter in dieser Region können streng sein und lange dauern. Doch mit der Klimaerwärmung ist auch die Südseite immer häufiger bereits Mitte Februar schneefrei. Ein älterer Imkerkollege schätzt dies als Vorteil für die Bienen ein. Damit einher gehen allerdings auch immer trockenere Sommer, was wiederum für die Imker und ihre Bienen ein grosser Nachteil ist.

In den Verkauf kommt der Honig kaum mehr. *«Wir haben alle grosse Familien, da bleibt nicht viel übrig für Aussenstehende»*, erläutern die Imker lachend. Wir erhalten dennoch etwas von dem einst berühmten Honig. Eric Cléo überreicht uns einen Plastikbecher mit einem Aufdruck im Retrodesign. Ohne Name, ohne Adresse. Auf unsere überraschten Blicke meint er nur: *«Die Becher kriegen wir vom Imkerverein, solche hat schon mein Vater früher verwendet. Nichts hat sich seither verändert, wir verwenden auch immer noch dasselbe Bild.»* Und trotz Plastikverpackung: der Honig ist aussergewöhnlich. Er verfügt über feine Naturkristalle und intensiv-florale Duftaromen in der Nase, am Gaumen über eine erfrischende Säure und eine unerwartete Würze. Ein wahrlich harmonischer Honig. Kein Zweifel: Wir haben den legendären Miel de Chamonix gefunden. Wenn auch im Nachbarort Servoz, und erst noch in unerwarteter Verpackung.

Biene auf einer Gebirgsblüte in Hochsavoyen.

Sergio Giovannoni,
Verrayes
Mailand
Genua
Basel
Venedig
Landhöhen:
niedriger als der Meeresspiegel
0 - 100 Meter

Die Honige der Südwestalpen

Akazienhonig
Alpenrosenhonig
Apfelhonig
Baumheidehonig
Brombeerhonig
Edelkastanienhonig
Eichenhonig
Efeuhonig
Erdbeerbaumhonig
Esparsettenhonig
Eukalyptushonig
Feldthymianhonig
Fichtenhonig
Goldrutenhonig
Götterbaumhonig
Heidekrauthonig
Himbeerhonig
Kirschhonig
Kleehonig
Lavendelhonig
Lindenhonig
Löwenzahnhonig
Luzernenhonig
Metcalfahonig
Minzehonig
Phaceliahonig
Rapshonig
Rosmarinhonig
Sonnenblumenhonig
Tannenhonig
Thymianhonig
Weissdornhonig

Sergio Giovannoni

«Zu sagen, ob mir Akazien- oder Kastanienhonig besser schmeckt, ist wie zu entscheiden, ob man das Meer oder die Berge lieber mag.»

Steilhang im Aostatal (I)

Verrayes
Provinz Aosta

Sergio Giovannoni
Thymian- und Heidehonig

Fährt man vom industriell zersiedelten Nordpiemont hinein ins Aostatal, gewinnt die Landschaft an Sehenswert: Häuser und Mauern aus Stein, bis hoch hinauf terrassierte Weingärten, auf engem Talgrund dicht zusammengedrängte Wiesen und Felder, die von der tiefstehenden Februarsonne nicht mehr erreicht werden. An Aosta vorbei, dem Hauptort der gleichnamigen italienischen Provinz, erreichen wir Champagne, ein kleines Dörfchen im oberen Tal. Steil führt die Strasse hinauf, nach zwanzigminütiger Fahrt erreichen wir die letzte Kurve vor unserem Ziel, den Agritourisme La Vrille. Eine Holzbank, die wir uns nicht entgehen lassen wollen, wir steigen aus, strecken die von der langen Fahrt steif gewordenen Beine. Spektakulär ist der Blick von hier auf die Windungen und Täler des Aostatals. Auf drei Seiten erblicken wir die höchsten Gipfel der Alpen. Im Westen den Mont Blanc, im Norden das Matterhorn und im Süden die Bergriesen des Nationalparks Gran Paradiso. Nur Richtung Südosten öffnet sich das Tal, durch das die Dorea Baltea fliesst, Piemont zu.

Mit auffallender Zurückhaltung empfängt uns am nächsten Tag Sergio Giovannoni auf seinem Hof in Verrayes, er spricht ruhig und sachlich. Was wir erfahren, überrascht. In Kurzform: Physiker heiratet Philosophin und kauft Steinruine im Gebirge, um Bienen zu züchten. Giovannoni selbst stammt aus einer Gegend, die ans Aostatal grenzt und die schon früh für ihre Honige bekannt geworden ist: dem Valsesia in Piemont, in dem seine Familie laut Stammbaum seit dem 13. Jahrhundert ansässig ist. Seine Frau Marisa ist Venezianerin, doch schon ihre Grosseltern waren nach Lodi gezogen, eine kleine Stadt südostlich von Mailand. Kennengelernt haben sie sich als Studenten in der lombardischen Metropole, 1985 haben sie geheiratet und sind bald darauf ins Aostatal gezogen.

Gefunden haben sie hier eine Ruine, dennoch war das Haus mehr oder weniger bewohnbar. Schritt für Schritt haben sie es renoviert und werden es auch noch weiter renovieren. *«Fertig wird man nie damit»*, kommentiert Sergio Giovannoni. Unten, wo jetzt die Verarbeitungsräume stehen, war einst der Stall. Denn dieser Weiler war früher eine Mittelalp, typisch für die Staffelwirtschaft des Aostatals, wie man sie auch in anderen alpinen Gegenden kennt. Im Winter bleiben die Kühe im Tal, ab dem Frühjahr geht es hinauf auf die Mittelalp; die Hauptalp ganz oben mit ihren Sommerwiesen kommt dann im Juli und August an die Reihe. Hier auf der «Mittelstation» pflegten die Bauern aber auch ihre Weingärten.

Im Zuge der Bauarbeiten tauchte aus einem riesigen Schutthaufen ein tischgrosser, vom Gletscher blankpolierter Findling auf. Heute steht er mitten auf der Terrasse der Giovannonis, beschirmt von einem Holzbogen, dessen Bauelemente der Gesetzmässigkeit des Goldenen Schnitts entsprechen.

«Die Bienen sind unsere Haustiere, Katzen und Hunde haben wir keine», so Giovannoni. Entsprechend werden sie auch behandelt. Die 12 Jungvölker, die hier auf der Terrasse stehen, trägt er in kalten Nächten in den Keller. Eine enge Beziehung hat er zu seinen Tieren, auch wenn er erst vor gut zwanzig Jahren mit der Imkerei begonnen hat. Damals arbeitete er noch als Physiker am astronomischen Observatorium in Saint-Barthélemy. Gemeinsam mit Freunden betreute er damals einen Bienenstock, damals aber vor allem, um die in der Abgeschiedenheit arbeitenden Mitarbeiter des Observatoriums zu unterhalten. Dieser war jedoch der Auslöser, sich ernsthafter mit der Imkerei zu beschäftigen. 1999 kauften er und seine Frau 20 Völker, heute sind es bereits an die 100. Und das trotz einer auffallend hohen Bienendichte im Tal. An die 500 Imker sind hier tätig, mit 100 Völkern gehören Giovannonis bereits zu den grossen unter ihnen. Nur ein Imker im Tal hat noch bedeutend mehr Völker, an die 350 von ihnen betreut er. Was wiederum nicht viel ist im Vergleich mit den Imkern des benachbarten Piemont, wo Erwerbsimker auch mal tausend und mehr Völker fliegen lassen. Sicherlich auch, weil die Honigvielfalt von Piemont im Alpenraum unübertroffen ist. Nebst den weitverbreiteten Löwenzahn- oder Sonnenblumenhonigen finden sich in den piemontesischen Hügeln und weiten Ebenen auch Raritäten wie Minze- oder Weissdornhonig sowie Eukalyptus-, Efeu- oder Apfelhonig.

Etwas geringer ist die Vielfalt im Aostatal, aber dennoch sehr spannend. Sergio und Marisa Giovannoni leben nicht allein vom Honig, das würde für den Lebensunterhalt nicht genügen. Während er einen Tag in der Woche auch als professioneller Bergführer arbeitet und erst vergangene Woche von einer Bergschuhwanderung mit siebzig belgischen Schülern zurückgekehrt ist, haben die beiden mit der Obstverarbeitung noch ein zweites Standbein aufgebaut. Auf rund 8000 Quadratmetern bauen sie Früchte an. Auch Tochter Selene arbeitet heute auf dem Hof mit. Nach dem Abschluss ihres Architekturstudiums versucht sie herauszufinden, was sie im Leben wirklich machen will. Ihren Honig verkauft die Familie hauptsächlich auf lokalen Märkten im ganzen Tal. Im Sommer an bis zu fünf Tagen die Woche. Als Fahrzeug und zugleich Marktstand dient ein kleiner Transporter, dessen Wände aufgeklappt werden können. *«Seit dreissig Jahren machen wir das so, manchmal fahren wir zu zweit, mal zu dritt, und ab und zu auch alleine»*, erzählt Marisa Giovannoni.

Vor dem Haus der Imkerfamilie erhebt sich ein Hügel. *«Das Valle d'Aosta war ursprünglich von einem riesigen Gletscher bedeckt, ein kleinerer Gletscher kam von diesem Berg herunter und wo sie sich trafen, hinterliessen sie diese Moränen»*, erläutert der Imker. Die heute von Büschen bedeckte Geländewölbung ist sehr trocken und wurde teilweise als Weingarten genutzt. Zum Teil war sie immer unkultiviert. Auf diesem Hügel stand einst eine römische Wachstation, von der man einen grandiosen Rundumblick hat. Aus *grumeus*, der lateinischen Bezeichnung für Hügel, ist dann im örtlichen Dialekt, dem

Sergio Giovannoni bestückt eines seiner Aostataler Bienenvölker mit einer neuen Königin.

Patois, die Bezeichnung «Grumei» geworden. Daraus ist denn auch der Name des kleinen Familienunternehmens entstanden: Ambiente Grumei.

Die Landschaft hier oben ist geprägt von mittelalterlichen Dörfern in verschiedenen Höhenlagen, teils renoviert, teils dem Verfall preisgegeben. Die Wiesen sind übersät mit schwarzen Wassersprinklern. Auf der Strasse verliert ein Traktor Gülle, die stinkende braune Spur ziert die Strasse wie ein Mittelstreifen. Wälder mit Eichengebüsch, weiter oben Lärchen und Fichten, darüber nackter Fels und nur ganz oben noch etwas Schnee. Auf 1500 Metern über Meer liegt der Lago di Lozon, mit Schilf verwachsen, eingerahmt von schneebedeckten Gipfeln, am Rande ein kleiner Weidenhain, am Hang darüber Hecken von Berberitzen mit frostgetrockneten roten Früchten, Wacholderbüsche und mit Zapfen übersäte kleine Lärchen. An trockenen und felsigen Stellen Thymian. Februarsonne. Völlige Stille, die nur vorübergehend von Dohlen und Flugzeugen unterbrochen wird.

Das inneralpine Trockental bietet den Bienen mit einer Vielzahl an Trachtpflanzen Bedingungen wie nur wenige Täler der Alpen und ist vergleichbar mit dem benachbarten Wallis oder dem Vintschgau in Südtirol. Mehr als die Hälfte aller in Italien heimischen Pflanzen, insgesamt mehr als 3000, finden sich in dieser kleinen Region. Die Mitte des Tals ist mit Jahresniederschlägen von etwa 400 Millimetern sehr trocken, besonders an den sonnenzugewandten Hängen. *«Es regnet nicht sehr viel, aber genug, und es gibt die Gletscher, dank ihnen haben wir immer Wasser, auch genug für die Bienen»*, erklärt der Imker. Gegen die Trockenheit wurden hier oben schon um das Jahr 1000 herum eine ganze Reihe eng miteinander verflochtener und spektakulär in die Landschaft gebauter Bewässerungskanäle gebaut. *«Und das ohne Pläne, ohne Ingenieure, ohne Experten: allein mit dem vorhandenen Volkswissen von Generationen»*, schwärmt der Imker. Noch immer beteiligen sich die Bewohner der Gegend daran, diese Bewässerungssysteme instand zu halten, auch Sergio Giovannoni, der jährlich einen halben Tag Rohre reinigt. *«Die sind jüngeren Datums und geben nicht mehr so viel Arbeit wie die alten, offenen Kanäle, die man regelmässig von Dreck und Schutt befreien musste.»*

Das Bienenjahr im Aostatal beginnt wie vielerorts in den Alpen mit der Blüte von Haseln und Weiden, gefolgt vom Löwenzahn auf den Wiesen, die mit Sprinkleranlagen im Intervall von zwei Wochen beregnet werden. Ab Mai blüht in den trockenen Zonen der Thymian. Alpiner Thymianhonig kann jedoch nur in einem kleinen Teil des Tals reinsortig geerntet werden. Der rötlichbraune Honig kristallisiert rasch und grobkörnig. Bereits in der Nase fällt der markante Geruch nach Gewürzkräutern auf. Im Geschmack folgt der für Thymianhonige typische Thymolton, der diesen Honig leicht erkennbar macht und der lange am Gaumen haften bleibt. Häufig kommt hier oben auch die Esparsette vor, eine Futterpflanze, die gemeinsam mit Futterkleearten ab der Mitte des 19. Jahrhunderts die Ertragslandwirtschaft weit über den Alpenraum hinaus erobert hat. Auch hier oben wurden Grundstücke zusammengelegt, auf denen danach Esparsette eingesät wurde. Die Pflanze ist heute häufig in Höhen von 1100 bis 1400 Metern zu finden, wo sie auch etwas später blüht. Meist ist Esparsettenhonig Teil von Blütenhonigen. Reinsortig ist er selten zu finden. Wie Honig von anderen Leguminosenarten ist auch ihr Honig sehr

Das Aostatal gilt als relativ trocken, verfügt aber über eine Vielzahl an Trachtpflanzen.

hell, fast weiss, er kristallisiert rasch und ist feinkörnig. Er riecht nur schwach, am Gaumen ist er süss und bezaubert mit seinen Fruchtaromen.

Klimatisch und meteorologisch ist das Tal für Imker eine Herausforderung. Manchmal beginnt das Bienenjahr schon Mitte Februar, in anderen Jahren erst gegen Ende März. Es gibt grosse Unterschiede, verläuft das Tal doch von Ost nach West, also mit einer Sonnen- und mit einer Schattenseite. Und da die Schattenseite monatelang keine Sonne sieht, leiden die Bienen, weil sich dann Schimmel bildet. Auf der Sonnenseite wiederum besteht das Problem mit den Winden. Wenn eine Störung kommt mit ein wenig Regen, folgt darauf oft der Wind und trocknet innert Kürze alles ab. *«Dann trocknen die Blumen aus und die Bienen können nicht fliegen»*, erklärt Sergio Giovannoni. Im Tal hofft man dann auf Regen aus dem Süden, denn nur von dort kommt er in ausgiebigen Mengen.

Einer ihrer Bienenstände mit etwa dreissig Völkern befindet sich ausserhalb des Aostatals im bereits in der Region Piemont gelegenen Naturpark Baragge. Hier ernten sie Akazienhonig und, wenn die Wetterbedingungen besonders günstig sind, auch Honig vom Heidekraut, lat. *Calluna vulgaris*. Eine besondere Auffälligkeit dieses rotbraunen Heidekrauthonigs ist die gelatineartige Konsistenz, die auf einen besonders hohen Gehalt an Eiweissstoffen zurückzuführen ist. Auch finden sich stets grosse, runde Kristalle im Honig. Im Geruch zeigt der Honig komplexe Aromen von Leder, Balsam und Terpentin. Am Gaumen ist er sehr süss, leicht bitter und weist einen langen Abgang auf. Die Geschmacksaromen erinnern an frisches Leder und Terpentin.

Heidekraut war früher in Norditalien auf den Hochebenen am Rande der Po-Ebene, sowohl in Piemont als auch in der Lombardei, weit verbreitet. Die schweren und undurchlässigen Tonböden in dieser Zone waren für die Landwirtschaft unbrauchbar, da sie zu schwer zu bearbeiten waren. Nach Regen ist der Boden sumpfig und im Sommer trocken. Heute werden diese Bereiche fast ausschliesslich für den Reisanbau genutzt. Die Tonböden der Hochebenen bestehen aus Ablagerungen von Flüssen und Gletschern. Über Jahrtausende entwickelten sich Wälder, die im Mittelalter abgeholzt und als Weideland genutzt wurden. Dadurch wurden die Böden völlig ausgelaugt. Deshalb gibt es ausreichend grosse Mengen an Calluna nur noch in einigen geschützten Gebieten.

Einen Lieblingshonig hat Sergio Giovannoni selbst nicht, für ihn machen die Bienen viele gute Honige. *«Akazienhonig ist süss, Kastanienhonig ist bitter, schlecht werden sie nur, wenn der Mensch unnötig oder falsch eingreift. Zu sagen, welcher mir besser schmeckt, ist wie zu entscheiden, ob man das Meer oder die Berge lieber mag. Und das kann ich auch nicht»*, begründet der Imker.

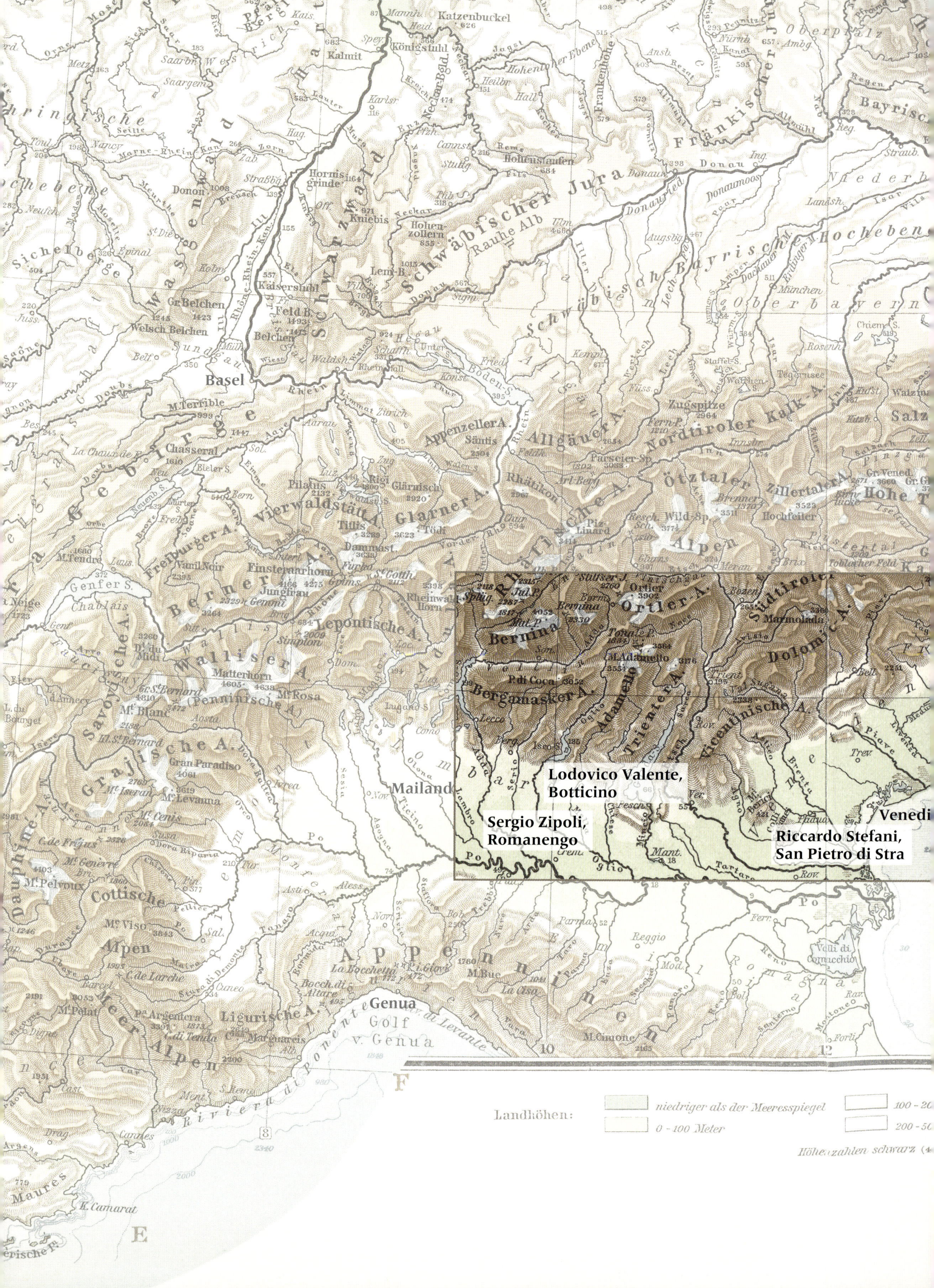

Lodovico Valente,
Botticino
Sergio Zipoli,
Romanengo
Riccardo Stefani,
San Pietro di Stra
Venedi
Basel
Mailand
Genua
Golf
v. Genua
Schwäbischer Jura
Schwarzwald
Bernina
Ortler-A.
Südtiroler
Dolomit A.
Bergamasker A.
Adamello
Trienter A.
Vicentinische A.
Walliser A.
Berner A.
Lepontische A.
Glarner A.
Allgäuer A.
Nordtiroler Kalk-A.
Ötztaler Alpen
Zillertaler A.
Savoyische A.
Grajische A.
Cottische Alpen
Meer Alpen
Ligurische A.
Appenninen
Landhöhen:
niedriger als der Meeresspiegel
0 - 100 Meter

van Ferfolja,
berdò del Lago

Die Honige der Südostalpen

Akazienhonig
Alpenrosenhonig
Apfelhonig
Bastardindigohonig
Baumheidehonig
Bohnenkrauthonig
Brombeerhonig
Christusdornhonig
Edelkastanienhonig
Efeuhonig
Esparsettenhonig
Fichtenhonig
Goldrutenhonig
Götterbaumhonig
Heidekrauthonig
Himbeerhonig
Kirschhonig
Kleehonig
Lindenhonig
Löwenzahnhonig
Luzernenhonig
Metcalfahonig
Perückenstrauchhonig
Phaceliahonig
Rapshonig
Rosmarinhonig
Schneeheidehonig
Sonnenblumenhonig
Steinweichselhonig
Tannenhonig
Thymianhonig
Weissdornhonig

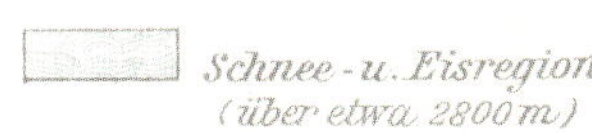

Silvan Ferfolja

*«Wieso soll ich verreisen?
Die Pflanzen kommen ja allmählich
eh alle zu uns herauf.»*

Steinweichselgehölz im Isontiner Karst (I)

Doberdò del Lago
Autonome Region Friaul-Julisch Venetien
Nordostitalien

Silvan Ferfolja

Der beste Honig des Karstes

Unmittelbar nach der Querung des Isonzo bei Redipuglia ändert sich die Landschaft schlagartig. Es beginnt eine Hochebene; dichter Buschwald und künstliche Föhrenwälder wechseln sich ab. Dazwischen magere, von Steinmauern und Karstgebüsch umgebene Trockenwiesen, die durch Beweidung mit Schafen, Ziegen und Eseln buschfrei gehalten werden. Zwischen Jamiano und Doberdò del Lago tauchen auf einer Karstwiese zwei Bienenstände auf, aufgereiht in einer langen Reihe, bunt bemalt und mit einer herrschaftlichen Veranda über den Einflugsöffnungen.

Der Begriff Karst, von slow. *kras,* «steiniger und unfruchtbarer Boden», bezeichnet eine Landschaft im Grenzgebiet von Slowenien, Italien und Kroatien. Die hügelige Hochebene stellt aus imkerlicher Sicht eine zweifache Ost-West-Grenze dar. Sie trennt einerseits das natürliche Verbreitungsgebiet zweier geographischer Bienenrassen: Carnica und Ligustica. Zugleich bildet der Karst auch die Klima- und Vegetationsgrenze zwischen illyrisch-pannonischer Zone im Osten und mediterraner Zone im Westen.

In Doberdò, dem grössten Ort des Isontiner Karstes, findet in der Trattoria Da Andrea gerade eine Hochzeit statt. Platz für ein Mittagessen wird trotzdem freundlich bereitgestellt; an einem kleinen Tisch direkt hinter der slowenischen Hochzeitsband. In einem Holzregal an der Wand des Schankraums steht eine Auswahl an lokalen Produkten, unter anderem einige Honige von jenem Imker, der das Ziel unserer Reise ist.

Am Ortsrand von Doberdò treffen wir Silvan Ferfolja, einen der bekanntesten Imker des Friulaner Karstes. Wie die Viehweiden der Hochebene sind auch sein selbstgebautes Haus und der grosse Garten von einer Steinmauer aus kantigem Kalkstein umgeben. Steine, die Ferfolja einst eigenhändig aus den Schützengräben des Ersten Weltkrieges geborgen hat. Das Bauwerk ist an Präzision wohl schwer zu übertreffen. Die erste Begrüssung ist ungestüm und erfolgt durch den jungen Golden Retriever, der schneller ist als die Befehle seines Herrn. Zum Gespräch wird in die Küche gebeten, vorbei an der Gehschule für das einjährige Enkelkind im Vorraum. Auszeichnungen für Honige hängen an der Wand, das ganze Haus wirkt extrem aufgeräumt. Die Einrichtungsgegenstände sehen aus wie Versatzstücke einer typischen Imkerbühne, die uns auch andernorts, in ähnlicher Weise, begegnen werden. Im bereitgestellten Obstkörbchen ist jeder Apfel poliert und sieht aus, als sei er aus Wachs.

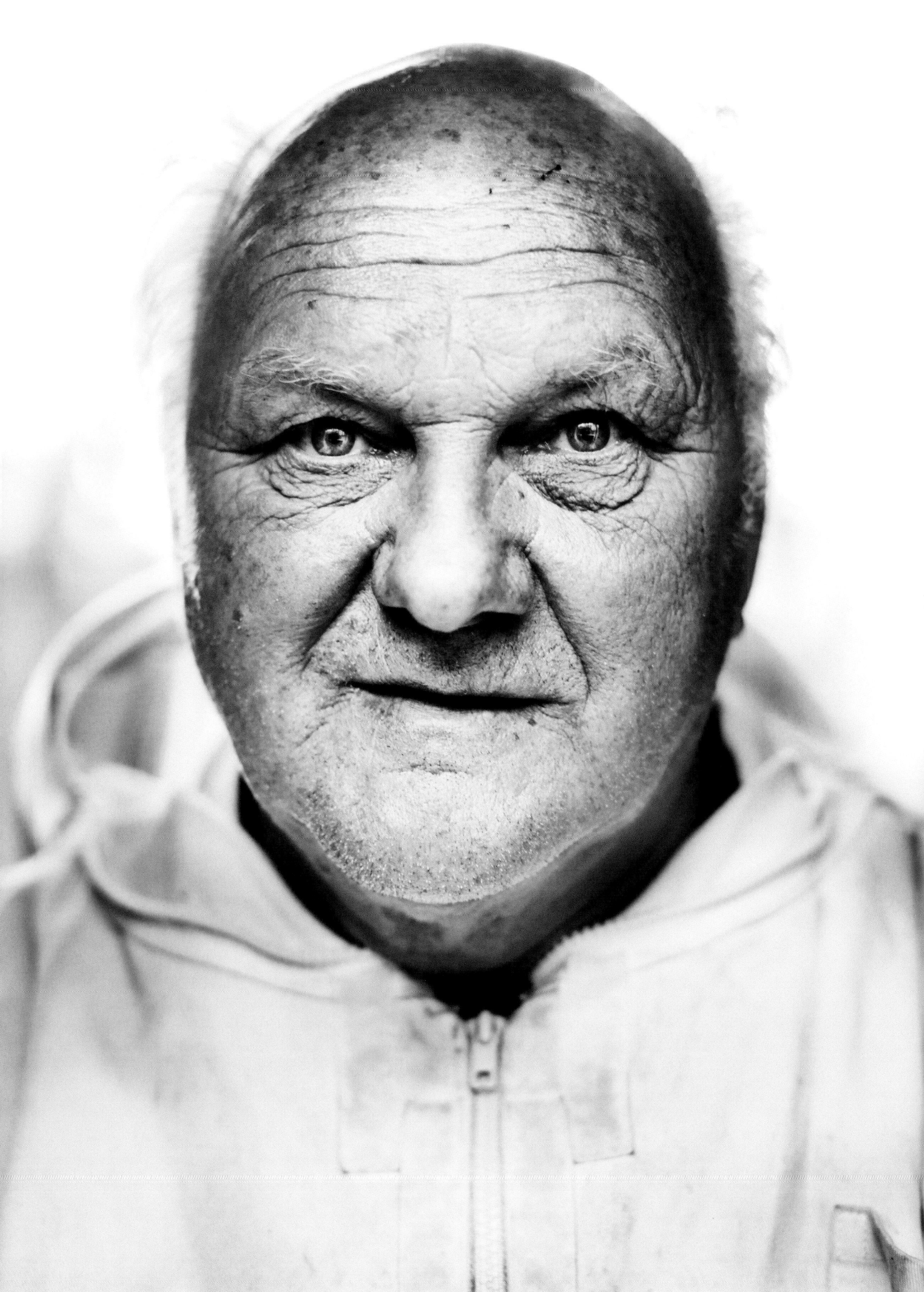

Lila Trainingsanzug, grosszügige Geste, verschmitztes Lächeln, wache und funkelnde Augen. Seine grauen Haare über den Ohren ähneln dem weissen Flaum des Perückenstrauchs, einer wichtigen Bienentrachtpflanze des Karstes, von der Silvan Ferfolja uns später erzählen wird. Weisswein aus der Region wird kredenzt. Er komme eben von einem Imkertreffen und habe noch keine Zeit gehabt zu essen, es sei ihm aber egal, er esse dann eben erst um vier. Spärliche Details einer Biographie folgen: Hundert Meter von seinem jetzigen Wohnhaus entfernt sei er geboren worden, sein Brot verdiene er als Schulbusfahrer. Nebenbei baut er noch ein zweites Wohnhaus für seine Tochter. Wie seine ganze Familie und die meisten Nachbarn ist auch er zweisprachig, slowenisch und italienisch wird hier gesprochen.

Der Auslöser für sein Interesse an Honig war ein Satz von Maria Lucia Piana, einer Expertin für Honig-Sensorik aus Bologna. Signora Piana war vor 15 Jahren zu einer Tagung nach Görz gekommen, an der er zufälligerweise präsent war. Sie habe dabei einen Satz gesagt, der ihm die Tür zur Imkerei geöffnet habe: *«Ich bin in eine Gegend gekommen, aus der die besten Honige Italiens stammen.»* Er habe umgehend den Entscheid getroffen, diese Welt zu entdecken. *«In meiner Familie hat sich bisher niemand mit der Imkerei beschäftigt. Doch ich war hungrig, hungrig aufs Lernen, nicht aufs Geld.»* Also sei er an alle erdenklichen Kurse gefahren, in Italien und in Slowenien. Wo auch immer es etwas über die Imkerei, die Bienen oder die Honiggewinnung zu lernen gab, sei er dabei gewesen. Was sich ausbezahlt hat: 2016 gewann er mit seinem Frühlingsblütenhonig den «Tre Gocce d'Oro», den wichtigsten Honigwettbewerb Italiens. Für ihn völlig überraschend, er habe diesen Honig ohne grosse Erwartungen eingereicht. Bestätigt wurde dieser Erfolg durch viele weitere Preise, die er mit seinen Honigen in den Folgejahren an vielen Wettbewerben zugesprochen erhielt.

Diese Erfolge führt der Imker auf die Qualitäten seiner Heimat zurück, auf den Karst. Eine Landschaft beeinflusst vom Meer, das nur wenige Kilometer entfernt ist, aber auch von den Alpen, zu deren Füssen sie liegt. Das spüre man in dem Honig auch. *«Er wertet die Gegend auf, wie viele unserer eigenen Produkte, wie der Käse oder die Bohnen.»* Und wie der Wein sei ein guter Honig einer, der mit der Seele gemacht werde. In einer für Honig geeigneten Gegend benötige man nur eine gehörige Portion Leidenschaft, und schon hätte man ein phantastisches Produkt.

Sein Ziel ist es, den «ottimo miele del Carso» zu produzieren, den hochwertigsten Honig des Karstes, schreibt Ferfolja auf seiner Website. Was er darunter verstehe, wollen wir von ihm wissen. *«Der beste Honig des Karstes ist ein besonderes Produkt, mit vielen Aromen, weil es hier eine Vielzahl an Blüten gibt, die man sonst nirgends findet.»* In der Tat ist hier die Steinweichsel wichtig, die wichtigste Trachtpflanze überhaupt. Und auch wenn es wenig Löwenzahn gibt, so spielt er dennoch mit in der Honiggewinnung, ebenso der Weissdorn. Ebenso wichtig seien jedoch die Akazie, der Götterbaum und die Edelkastanie. Und bei Pollenanalysen zeigt sich oft auch Honigtau vom Perückenstrauch. *«Den findet man sonst nirgends, in anderen Gegenden spielt eher der Eichenhonigtau eine Rolle. Ein entscheidender Unterschied, der die Qualität unseres*

Silvan Ferfolja an der Arbeit im Steinweichselgehölz des Isontiner Karstes.

Honigs ausmacht», so der Imker. Um all diese Honige ernten zu können, wandert er mit seinen Bienen bis zu fünfzig Kilometer in die Berge hinein.

Zur Honigverkostung geht es in den Keller. Sein Verkaufsprinzip sei denkbar einfach. Nicht er kontaktiere potentielle Kunden, sondern sie müssten zu ihm kommen. Das Privileg des Erfolgreichen sozusagen, denn seine Honige sind sehr gefragt. Von jedem neuen Glas, das Ferfolja öffnet, wandert der erste Löffel flugs in seinem Mund. Dabei schliesst er kurz die Augen. Das Ganze wird begleitet von einem genüsslich-zufriedenen Grinsen. Pro Jahr esse er an die dreissig Kilo Honig. *«Wenn einer Wein macht, muss er auch Wein trinken, sonst wird er nie erfahren, was guter Wein ist. Mit dem Honig ist das ebenso.»*

Die Verkostung beginnt mit Honig vom Christusdorn. Der *miele di marruca,* wie der Honig hier genannt wird, habe Geschmacksaromen von exotischen Früchten wie Maracuja. Es sei die einzige Honigtrachtpflanze, die auch in arabischen Ländern wachse. *«Der Honig kostet dort 200 Euro pro Kilogramm»,* erzählt der Imker. Dann folgt Steinweichselhonig, *miele di marrasca,* der wunderbar nach Mandeln duftet. Ferfoljas Lieblingshonig ist jedoch der *millefiori del Carso,* sein grossartiger Frühlingsblütenhonig mit zarten Duftaromen und einer feinen Harmonie an Süsse und an Säure. Anders als Imker dieser Gegend verzichtet er darauf, Bohnenkrauthonig zu gewinnen, den *miele di santoreggia.* Oft aber handle es sich bei so bezeichnetem Honig um einen Efeuhonig, und der sei nicht interessant. Er kristallisiere schnell und sei sehr feucht. *«Er bringt die Bienen um, weil sie ihn nicht fressen können»,* unterstreicht der Imker seine Abneigung. Zäh ist allerdings auch sein Perückenstrauchhonig, den er als Waldhonig verkauft, da ihm die jährliche Analyse zu teuer ist. Am Geschmack nach gekochten Äpfeln erkennt man ihn, ein unverkennbares Aroma.

Nach der Verkostung zeigt uns Silvan Ferfolja seine selbstgebaute Bienenhütte, direkt hinter seinem Haus. Sie steht in einer für den Karst typischen Senke, einer Doline, in der Grösse eines halben Fussballfeldes, südseitig, vor den kalten Fallwinden, die hier Bora heissen, bestens geschützt. Daneben hat er Gemüsebeete mit Kohl und Mangold auf roter Karsterde angelegt; durch die kahlen Zweige der wenigen Laubbäume dringt das strahlende Licht der Dezembersonne. Fasziniert verfolgt er seit zwei Jahrzehnten den Klimawandel, mit dem auch neue Pflanzen ihren Weg in den Karst gefunden haben, wie das Greiskraut oder die Amorfa, eine Leguminose, die früher nur in der Ebene unten gewachsen sei. Womit er auch zu begründen versucht, warum er grundsätzlich nie verreist: *«Wieso soll ich auch – die Pflanzen kommen ja allmählich eh alle zu uns herauf.»*

Im Karst blüht die Steinweichsel bereits Mitte April.

Riccardo Stefani

«Der Honig meiner Bienen stammt aus der biologischen Grenze zwischen Land und Meer.»

In den Lagunen von Venedig (I)

San Pietro di Stra
Provinz Venedig
Nordostitalien

Riccardo Stefani

Der Honig aus der Lagune

Goethe kam hier vorbei, Michel de Montaigne, Lord Byron und auch Casanova. Letzterer fuhr am 2. April des Jahres 1734 in Begleitung seiner Mutter zum Unterricht nach Padua, flussaufwärts. In die entgegengesetzte Richtung, etwa ein halbes Jahrhundert später, führte die Route des deutschen Dichterfürsten. Die Rede ist von Reisen auf den *burchielli*, den Luxusbooten der venezianischen Kaufleute auf der Brenta. Diese Flussverbindung zwischen Venedig und Padua wurde bereits seit der Antike für Personen- und Gütertransporte genutzt. Am Ufer der Brenta hatten die reichen Patrizierfamilien Venedigs ab Mitte des 16. Jahrhunderts prächtige Landpaläste errichten lassen und auf diese Weise quasi die Sommerfrische erfunden. Mit dem Niedergang Venedigs verfielen auch viele dieser Landsitze. An einer markanten Biegung des Flusses bei Stra steht die imposante Villa Pisani, die nach der Verarmung der Familie im Jahre 1808 an Napoleon Bonaparte verkauft wurde. Direkt gegenüber dem Prachtbau biegen wir in die Via Chiesa und gleich darauf in die Via Altinate, um nach der Hausnummer 21 zu suchen.

Der Weissdorn ist in Vollblüte, das Wintergetreide leuchtet in sattem Grün. Die Felder reichen bis zu einem riesigen Damm, hier endet die Strasse. Oben auf dem Kanal weht ein kalter Märzwind, unten ist es angenehmer. Ein stolzer Gockel bewacht seine gefiederten Damen auf der grünen Wiese, hektisch flattert ein Perlhuhn über das Feld, ein Pferd wiehert. Nur einen Steinwurf von den venezianischen Villen entfernt steht das Wohnhaus der Stefanis. Vor dem Honigverkaufsraum erwartet uns Riccardo Stefani, noch keine dreissig Jahre alt, und begrüsst uns mit lebhaften Gesten. Mit einem unerwarteten «Grüss Gott» stellt sich seine Mutter vor, eine gebürtige Südtirolerin aus Brixen. Der Vater ist zurzeit im nahen Treviso auf dem Biomarkt.

«Miele alla spina» – «Honig vom Fass», steht auf einem grossen Schild über dem Verkaufspult. Darunter eine Reihe von Edelstahlfässern. Seit die Kunden hier ihre Honiggläser selber abfüllen können, haben die Stefanis das Problem beseitigt, alte Gläser zurücknehmen zu müssen. An die Öffnungszeiten, angeschlagen auf einem Schild vor dem Haus, halten sich hier die wenigsten, auch am frühen Sonntagnachmittag taucht der eine oder andere auf. Begehrt sind die Honige, die hier verkauft werden. Entsprechend schütter bestückt sind die Regale noch mit Honiggläsern. Neunzig Prozent verkauft die Familie ab Hof. *«Unser Vorrat ist fast zu Ende, und das hat sich bei unseren Kunden herumgesprochen, deshalb auch die sonntäglichen Besuche»*, so Stefani.

Bald müssten sie die Kunden mit Vorbestellungen auf die nächste Saison vertrösten, erzählt Stefanis Mutter.

Die insgesamt 200 Bienenvölker von Riccardo Stefani verteilen sich auf Bienenstände in den verschiedensten Landschaften Venetiens: Meer, Ebene, Hügel und Gebirge. In der Ebene am Fluss Brenta bei Stra erntet der Bioimker Honige von Frühlingsblüten und Löwenzahn, im Naturpark der Colli Euganei folgen Ende Juni Akazien- und Edelkastanienhonig. Seine Bienen stehen im Spätsommer, während der Blüte des Strandflieders, auf Wanderständen in den Lagunen bei Chioggia. Auf etwa 1000 Metern Seehöhe in Chies d'Alpago, wo in der neu eingerichteten Imkerei auch die Honigverarbeitung erfolgt, sind seine Gebirgsbienenstände. Inmitten der unberührten Natur des Nationalparks der Belluner Dolomiten erntet Stefani hier Gebirgsblüten- und Fichtenhonige.

Alle seine Honige lässt der Imker natürlich kristallisieren, was sein feincremiger Millefiore di alta montagna, der Blütenhonig aus den Bergen, perfekt zeigt, den er uns verkosten lässt. Sämtliche Honige der Stefanis tragen neben einer Kennzeichnung der Sorte auch die genaue Bezeichnung der Lage auf dem Etikett.

Riccardo Stefani war schon während der Schulzeit von den Bienen fasziniert, früh war für ihn klar, dass er sich auch künftig mit Honig und Lebensmitteln beschäftigen würde. Entsprechend studierte er an der Universität von Padua Lebensmitteltechnologie, das er mit einer Diplomarbeit über den Honig aus den Lagunen von Venedig beendete. «Il Miele di Barena» heisst diese, begleitet wurde sie wissenschaftlich von der bekannten Honigexpertin Maria Lucia Piana.

Deswegen hauptsächlich sind wir hier, gespannt mehr zu erfahren über diesen nördlich der Alpen kaum bekannten Honig. Als «Barene» werden Salzwiesen und -sümpfe in den Lagunen von Venedig und Chioggia bezeichnet, die periodisch oder unregelmässig von Salzwasser überflutet werden. Sie bilden den natürlichen Übergang und die biologische Grenze zwischen Land und Meer. Auf den gezeitengeprägten Weichsubstratböden gedeiht eine Salzpflanzenvegetation, die an die regelmässige Überflutung und die hohe Salzkonzentration im Boden angepasst ist. Die für die Bienen wichtigste Salzpflanze in den Barene von Venedig ist der Strandflieder, lat. *Limonium spp.* Er zählt zur Familie der Bleiwurzgewächse/Plumbaginaceae. Zur Hauptblütezeit im Juli und August verwandelt er die Lagunenlandschaften in ein lila Blütenmeer. Zusätzlich finden die Bienen in den Barene auch Nektar und Pollen von Meersenf, Tamariske, Akazie, Brombeere, Weissklee, Bastardindigo, Strandaster, Alant und Sacrocornia. Auf Magerwiesen und Sandzonen, die an die Lagune grenzen, besuchen die Bienen ausserdem Blüten von sandliebenden Pflanzen wie Gamander, Nachtkerze und Spargel. Der Honig aus den Barene ist reich an Mineralstoffen und Enzymen. Seine Farbe ist orangegelb. Der Honig hat eine rasche Tendenz zur grobkörnigen Kristallisation. Der Geruch ist intensiv mit Aromen von Gewürzen und Früchten und erinnert an den Duft der Lagunen während der Vollblüte des Strandflieders. Der Geschmack des Honigs ist leicht bitter und salzig. Kein Wunder, dass die Kunden dem Jungimker die Bude einrennen.

Riccardo Stefani arbeitet in den Lagunen von Venedig auch bei Hochwasser an seinen Bienenständen.

Doch Riccardo Stefani ist schon an seinem neuen Projekt dran: Direkt neben dem Honigverkaufsraum hat er eine kleine Brauerei errichtet. Ein neuer Braukessel und Edelstahltanks in verschiedenen Grössen zeugen vom Ehrgeiz und von den Plänen des jungen Bierbrauers. Und auch vom grossen Geschick. Denn die Biere überzeugen, das helle mit einem feinen Geruch nach Holunderblüten, das mit Edelkastanienhonig verfeinerte dunkle mit einem zarten Bitterton, der den Abgang des Bieres ins schier Unendliche verlängert. Und wer weiss, vielleicht wird hier dereinst auch eine «Birra di Barena» gebraut.

Der Strandflieder ist in den Lagunen von Venedig häufig zu finden.

Sergio Zipoli

«Die Arbeit mit den Bienen ist für mich das Allerschönste. Hören, riechen, diese Geräusche, diese Düfte.»

In den ligurischen Alpen (I)

Romanengo
Provinz Cremona, Lombardei
Norditalien

Sergio Zipoli
Baumheide und Alpenrose

Die Po-Ebene: endlose, schnurgerade Landstrassen, auf denen Kolonnen von Lastwagen das Tempo vorgeben. Nur Einheimische wagen es, hier zu überholen. Rhythmisch wird die Monotonie der fremdbestimmten Autofahrt von Verkehrskreiseln unterbrochen, an deren Rändern Einkaufszentren wachsen, einige davon schon vor ihrer Fertigstellung dem Verfall preisgegeben. Ein Landmaschinenhandel mit riesigen Traktoren in allen Farben zeugt von Optimismus. Da und dort schlammige Felder mit schütterem Bewuchs, Höfe oder vielmehr polymorphe Agrarindustriekomplexe, Windgürtel, Baumreihen und Kanäle. Orte sind nur zu erahnen, irgendwo weit weg von der Umfahrungsstrasse, am ehesten dort, wo die Spitzen der Kirchtürme aus der Ebene ragen.

Als gelte es eine Quote zu erfüllen, ist eine Vitrine des Dorfwirtshauses von Romanengo exakt je zur Hälfte mit Flaschen von Aperol und Campari dekoriert. Auf der Vitrine steht eine lange Reihe von Pokalen. Fernsehlärm und Männergespräche beherrschen den vorderen Teil des Lokals, weiter hinten hantieren obskure Gestalten an lärmenden Spielautomaten.

Hier treffen wir auch Sergio Zipoli, der keine zwanzig Kilometer von hier auf einem Bauernhof aufgewachsen ist. Damals stellte ein Imker Jahr für Jahr Bienenstöcke auf dem Hof auf, bis er schliesslich Sergios Bruder für teures Geld einen Bienenstock verkaufte. Erst betrieben Sergio Zipoli und sein Bruder die Imkerei gemeinsam. Dann musste der Bruder ins Militär einrücken, und Zipoli übernahm während dessen Dienstzeit die alleinige Verantwortung für die Bienen. *«Die sind geschwärmt und aus einem wurden zwei, aus zwei vier, und schon bald hatte ich vierzig Völker.»*

Nach der Heirat zog Zipoli in das Geburtshaus seiner Frau Ancilla nach Romanengo. Die Bienen hat er mitgenommen. Der geräumige Innenhof im Dorfzentrum dient als Lager für Bienenbeuten und lässt noch ausreichend Platz für einen grossen Gemüsegarten. Im penibel sauberen Honigverarbeitungsraum sind einige Edelstahlfässer bereits leer. Die letzte Ernte – zugleich das erste Jahr von Zipolis Selbständigkeit als Berufsimker – war klein. *«Das letzte Jahr war das schlechteste seit vierzig Jahren!»* Dennoch habe er sich für die Bienen entschieden, als er seine Arbeit und die Bienen nebst seiner Familie einfach nicht mehr unter einen Hut gebracht habe.

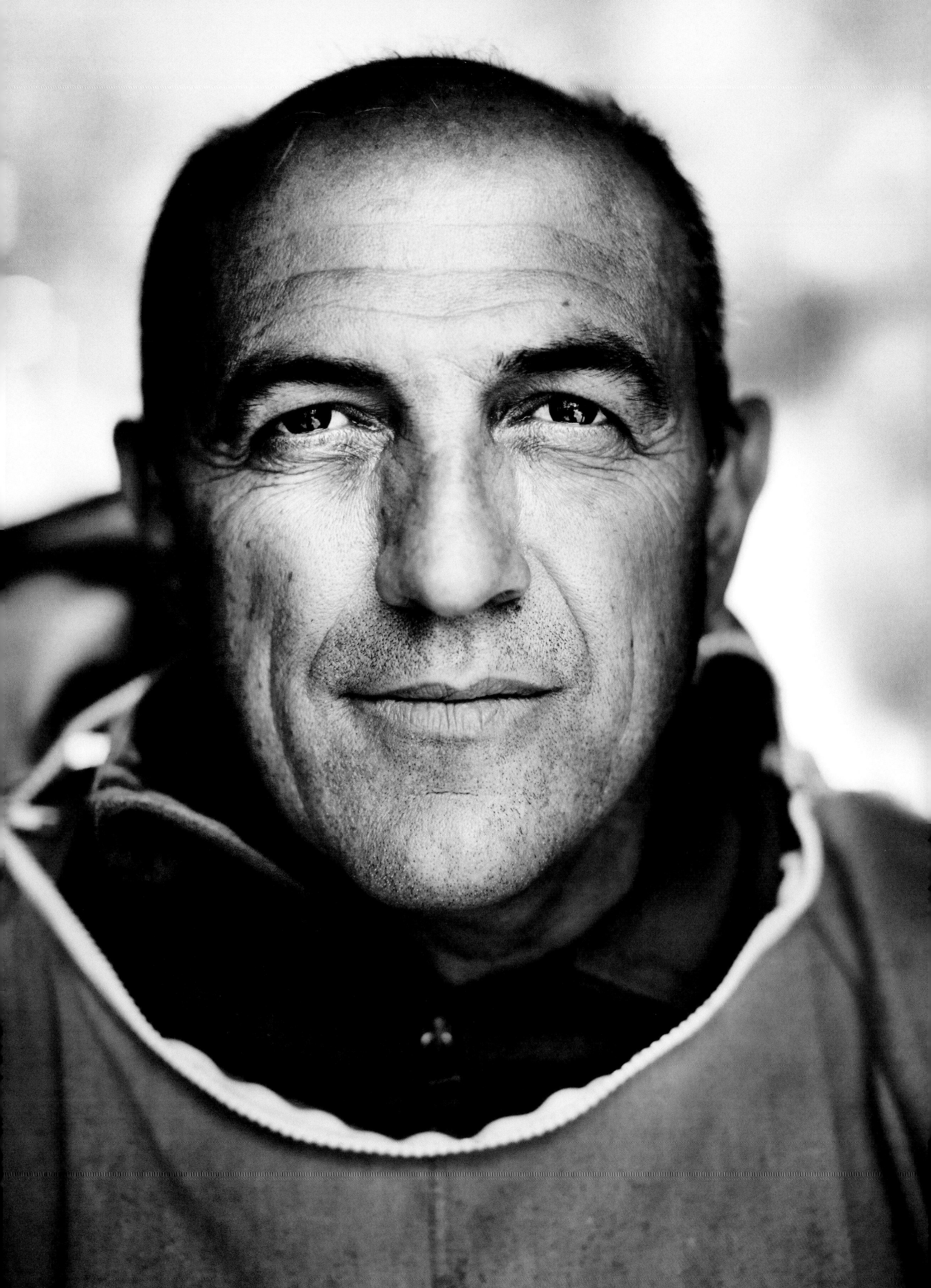

Die Überwinterungsstände in der Umgebung des Heimatortes sind Ausgangspunkt für Bienenwanderungen in spektakuläre Honiglandschaften. Der Wanderradius des Imkers ist gross und reicht von den küstennahen Hügeln Liguriens bis ins Hochgebirge von Adamello. Schon bald ist es wieder so weit, denn dort blühen nächste Woche die Baumheiden. Oberhalb von Genua stellt Sergio Zipoli seine Völker neben jene eines Imkerfreundes. *«Dort gibt es einen ganzen Hügel voll mit* Erica arborea, *ein echtes Schauspiel ist das»*, schwärmt Zipoli. Nur gut sichern muss er hier seine Völker, deren Standplatz er bewusst an einer versteckten, tief gelegenen und schwer zugänglichen Stelle gewählt hat. *«Bienendiebstahl ist hier leider weit verbreitet, und wenn die Leute sehen, dass ich aus der Provinz Cremona komme und nicht aus Ligurien, sind die Völker schon morgen verschwunden»*, erklärt der Imker seine aufwendige Arbeitsweise.

Erica arborea, die Baumheide, ist die erste Bienentrachtpflanze der Saison in Ligurien. Die Blüte erstreckt sich von Ende März bis Ende April. Der äusserst rare Sortenhonig hat eine ausgeprägte Typizität. Er kristallisiert rasch und feinkörnig. Seine Farbe ist beige. In der Nase ist der Honig leicht erkennbar am markanten Duft nach Lakritze und Leder. Am Gaumen komplexe Aromen von Caramel, Kakao und verbranntem Holz. Die Süsse ist schwach ausgeprägt und wird von einer lebhaften, frischen Säure verdeckt. Der Honig verschwindet nur langsam vom Gaumen, begleitet von Bittertönen und leichter Adstringenz.

Nach der Rückkehr vom kurzen Ausflug in südliche Gefilde erntet der Bioimker in der Po-Ebene Honig vom Löwenzahn. Dann folgt die Akazie, und zwar in drei Varianten aus drei unterschiedlichen Höhenlagen. Gestartet wird in der Ebene, weiter geht es in den Hügeln von Piacenza in der Emilia-Romagna auf 300 Meter über Meer und etwas später noch weiter hinauf. Im Juni folgt dann in der Po-Ebene die Ernte von Sommerblüten-, Linden- und Bastardindigohonig. Nur noch gering sind die Erträge des aussergewöhnlichen Metcalfahonigs. *«Vierzig bis fünfzig Kilo wurden hier vor zwanzig Jahren noch pro Bienenvolk geerntet, heute sind es gerade mal zwei bis drei Kilo.»* Früher habe sich niemand dafür interessiert, auch war er fast gänzlich unbekannt, heute würden plötzlich alle danach fragen.

Metcalfa pruinosa, die Bläulingszikade, ist eine Zikadenart innerhalb der Familie der Schmetterlingszikaden, der Flatidae. Das aus Nordamerika stammende Insekt wurde wahrscheinlich mit Holzimporten eingeschleppt und im Jahre 1979 in der Region von Treviso erstmals in Italien dokumentiert. Die explosionsartige Ausbreitung erfolgte aufgrund des Fehlens von natürlichen Feinden und der hohen Anpassungsfähigkeit an Kultur- und Spontanpflanzen. Die ersten Honige der Bläulingszikade hatten Absatzprobleme, da Konsumenten, die helle Nektarhonige wie Akazie oder Klee schätzten, mit diesem neuen Honigtyp wenig anzufangen wussten. Zudem hatten die Imker das Problem, dass die Quelle dieses neuen Honigs keiner Pflanze zugeordnet werden konnte. Im Gegensatz zu allen Sortenhonigen, die den Namen der Pflanze tragen, an der die Bienen Nektar oder Honigtau gesammelt haben, trägt dieser Honig den Namen des Insekts, das den Honigtau produziert hat. Dieser Unter-

Sergio Zipoli an der Arbeit in der lombardischen Baumheidelandschaft.

schied erklärt sich durch die Gefrässigkeit des Insekts beziehungsweise seine Fähigkeit, an zahlreichen Kultur- und Wildpflanzen zu parasitieren. Seit in den letzten Jahren biologische Bekämpfungsmassnahmen durch den Einsatz von Frassfeinden durchgeführt wurden, scheint das Neozoon *Metacalfa pruinosa* weitgehend verschwunden zu sein und spielt bienenwirtschaftlich keine grosse Rolle mehr. Die Farbe von Metcalfahonigen ist sehr dunkel, fast schwarz. Der Geruch ist von mittlerer Intensität mit pflanzlichen Aromen. Der Geschmack ist sehr süss mit Noten von Malz und Caramel. Metcalfahonige sind von Nektarhonigen sehr einfach, von anderen Honigtauhonigen wie jenem der Fichte nicht immer leicht zu unterscheiden.

Gegen Ende der Saison bringt Zipoli einen Teil seiner Völker hinunter in die Toscana, um Kastanienhonig zu machen. Und andere Völker hinauf ins südalpine Adamello in der Provinz Brescia, auf Lagen zwischen 1860 und 2000 Metern Seehöhe. *«Wir transportieren nur wenige Völker dahin. Menge interessiert uns nicht, mit den zehn bis zwanzig Völkern ernten wir hier den Blüten- und Alpenrosenhonig»*, erzählt der Bioimker, der insgesamt 150 Bienenvölker sein Eigen nennt. Von allen seinen Bienenstandplätzen liebt Zipoli den, der hoch oben in den Adamello-Bergen liegt, am meisten. *«Dort ist niemand!»* lacht er. *«Es ist Stille, es ist niemand dort. Nur die Bienen kommen und gehen.»*

Dem Wanderradius des Imkers entsprechend ist auch die Vielfalt seiner Honige gross. Und etwas Ahnung muss ein Imker von der Natur schon haben. Nicht dass es ihm so ergeht wie einem Imker aus Cremona, der einen rosafarbenen Honig als «Tomatenhonig» an den Honigwettbewerb von Bologna gesandt hat. Postwendend bekam er die Antwort, dass es sich dabei um Bastardindigohonig handle, denn Tomatenhonige gebe es nicht. Hätte er ihn als das eingereicht, was er wirklich war, hätte er gar ein schönes Ergebnis erzielt.

In der Küche des Imkerhaushalts hängt ein Portrait des vorvorletzten Papstes. An einer Wand stapeln sich Kartons mit gefüllten Honiggläsern. Kommen Kunden auf den Hof, hat Zipolis Frau Ancilla keine grossen Wege zu bewältigen, um die gewünschte Ware auszuhändigen, entsprechend herrscht hier auch ein ständiges Kommen und Gehen. Die Verkostung seiner exquisiten Honige gerät zum Ratespiel in Bezug auf die Honigsorte und bereitet dem Imker sichtlich Vergnügen. Sein Lieblingshonig? *«Immer der, der am schwierigsten zu produzieren ist. Es gibt dann nur wenig davon. Insgesamt sind meine Honige aber alle gut – sagen zumindest meine Kunden.»* Er schiebt dann aber doch nach, dass er würzigen Tannenhonig besonders liebt. Und natürlich seinen Honig von der Baumheide. Von diesem verkauft er nur, was die eigene Familie nicht selber isst.

Was die Arbeit mit den Bienen für ihn bedeute, fragen wir ihn zum Abschluss des Gespräches. Es vergehen einige Sekunden. Totale Stille, die Küchenuhr tickt. *«Die Arbeit mit den Bienen ist für mich das Allerschönste. Die Arbeit draussen im Freien. Hören, riechen, diese Geräusche, diese Düfte. Und natürlich auch die Genugtuung, gelegentlich an einem Ort zu sein, oft weit weg von zuhause, und es dennoch zu schaffen, einen guten Honig zu produzieren.»*

Die Baumheide liefert einen raren und feinkörnigen Honig.

Mirella und Lodovico Valente

«Bienen sind friedfertige Wesen, deshalb arbeiten wir nie mit Schutznetz, denn hier gab es noch nie vermummte Gestalten.»

Weinberg bei Brescia (I)

Botticino
Provinz Brescia, Lombardei
Norditalien

Mirella und Lodovico Valente

Die grossen Honige von Brescia

Am Gitter des Gartentores prangt ein Schild mit der Aufschrift: «Mieli non sempre e non per tutti. – Honig nicht immer und nicht für alle.» Lodovico Valente, eine aristokratische Erscheinung mit Sakko und Stecktuch, empfängt uns am Eingang seines Hauses. Ein Gehstock sichert seinen Gang. Die von imposanten Zypressen umrahmte Villa liegt in malerischer Lage in den Hügeln von Brescia. Das riesige Wohnzimmer erscheint wie ein Museum. Unzählige Bilder hängen an den Wänden. In Glasvitrinen liegen Sammlungen von Mineralien in allen Farben und Formen. Zwei dicke kleine Hunde machen Krach und balgen sich unter dem riesigen Wohnzimmertisch. Der Blick aus dem Raum geht nach drei Seiten. Im Garten stehen Bienenstöcke inmitten von Olivenhainen und Weinstöcken. In Richtung Süden öffnet sich der Talkessel von Botticino zur Po-Ebene. Seit der Römerzeit ist der Ort berühmt für seinen weissen Marmor. Ganze Hügel werden abgesägt, um die wertvollen Blöcke zu gewinnen, grösstenteils für Kunden aus dem fernen Dubai.

Auf seiner Internetseite schreibt Valente von den «grossen Honigen von Brescia». Darauf angesprochen ist der Imker rasch in seinem Element. Seine Frau Mirella warnt uns vorsorglich: *«Wenn Lodovico über Honig zu reden beginnt, hört er nicht mehr auf!»*

Brescia ist die grösste Provinz der Lombardei und weist eine Vielfalt an unterschiedlichen Landschaften auf. Die höchste Erhebung ist der mit Gletschern bedeckte Monte Adamello mit 3539 Metern. Drei Flusstäler leiten die Wassermassen aus den Alpen in die Po-Ebene: Val Camonica, Val Trompia sowie Vallesabbia. Drei grosse Seen, Garda, Iseo und Idro bilden bedeutende Süsswasserreserven. Die wichtigsten monofloralen Honige dieser Voralpen- und Hügellandschaft sind Edelkastanie und Akazie, gefolgt von Linde und Löwenzahn sowie Honigtau von der Fichte. Mengenmässig von kleinerer Bedeutung ist Alpenrosenhonig. Etwa die Hälfte der Honige, die in der Provinz Brescia geerntet werden, sind multifloral. Im Frühling sind es die Blütenhonige aus der Ebene und den Hügeln, im Sommer zusätzlich noch jene aus Gebirge und Hochgebirge. In einem grossen Teil des Territoriums herrscht insubrisches, also submediterranes Klima vor mit milden und trockenen Wintern und Niederschlägen in den Übergangszeiten, also im Frühjahr und im Herbst. Dies bedeutet milde und trockene Winter und Niederschläge vor allem im Frühling und im Herbst. Nicht unbedingt das Klima, das sich ein Imker wünscht.

Dennoch sind insbesondere die Voralpen und Alpen von Brescia botanisch sehr interessant. Angefangen von den Alpenrosen des Naturparks von Adamello im Norden der Provinz bis zum Naturpark Alto Garda stellt das Mikroklima dieser Zone ein Refugium für etliche endemische Arten dar. Viele dieser Pflanzen haben hier überlebt, da die Gegend während der letzten Eiszeit nicht mit Eis bedeckt war. Grossteils ist die Zone Wildnis und damit frei von menschlichen Eingriffen. Die Flora des östlichen Teils des Parks umfasst vor allem kalkliebende Arten. Die Artenvielfalt trägt auch dazu bei, dass gerade diese Region grossartige Landschaftshonige hervorbringt. In den Pollenanalysen dominieren Alpenrose, Him- und Brombeere, Klee, Doldenblütler, Glockenblumengewächse wie die rare Teufelskralle, Kreuzblütler, Schafgarbe, Weide und Thymian. Häufig finden sich in den Honigen auch Pollen von Edelkastanie, oft schon an zweiter Stelle nach der Alpenrose, obwohl die Kastanie sensorisch nicht festgestellt werden kann. Etwas tiefer, in etwa 1200 Metern Seehöhe, macht sich auch der Nektar von der Edelkastanie bereits im Honig bemerkbar. Der Grund dafür ist, dass Kastanien eine maximale Höhengrenze von 1000 Metern erreichen. Die Landschaftshonige in dieser Zone sind würzig und zeigen florale Aromen. Meist sind sie hell oder leicht bernsteinfarben. Es sind rare Honige, die nicht ganz leicht zu produzieren sind.

Nach dem Gespräch über die Honiglandschaften von Brescia führt Valente durch den Verarbeitungsraum. Aus einer Honigschleuder tropft Kastanienhonig der letzten Ernte. Der Honig hat eine Konsistenz wie Harz von Nadelbäumen und schmeckt am Gaumen wie ein pures Aromakonzentrat. Im Garten öffnet der Imker einen Schaubienenstock. Hinter einer Glasplatte tummeln sich, irritiert vom plötzlichen Einfall der Frühlingssonne, unzählige Bienen zwischen hellen Wachsmustern.

Das friedfertige Wesen seiner Bienen erklärt Lodovico Valente auf anschauliche Weise: *«Hier kommt mir kein Bienennetz rein, hier gab es noch nie vermummte Gestalten.»* Das müsse er seinen Imkerlehrlingen immer wieder erklären, wenn sie seine Kurse besuchen. Denn Bienen hätten ein kollektives Gedächtnis, das sich in den vierzig Jahren seiner Imkerei auch geformt habe. Da er selber nie mit Schutznetz arbeite oder gearbeitet habe, hätten sich die Bienen daran gewöhnt. Wenn die Kursbesucher dann aber gleich bei der Ankunft aus dem Auto steigen und ein Bienennetz überziehen wollen, müsse er Einhalt gebieten. *«Wenn Bienen plötzlich eine vermummte Gestalt sehen, was sollen sie denn dabei denken?»* Das sei, wie wenn jemand an der Tür klingle und dabei eine Maske trage. *«Dann knallt man doch gleich die Tür zu. Oder man schiesst sofort.»* So würden auch die Bienen reagieren, würden sie zum ersten Mal einen Vermummten sehen. Sie hätten sich aber daran gewöhnt, keinen Ärger zu machen.

Seine Frau Mirella hat Valente an einer Schule kennengelernt. Sie war Sportlehrerin, er Techniker. Später wechselte er als leitender Angestellter in eine Waffenfabrik; lange hat das Paar in Brescia gewohnt. *«Fast alle unsere Besitztümer hatten damals Räder, und wir machten zwei Monate im Jahr Campingurlaub mit unserem Wohnwagen.»* Das hätte sich rasch geändert, nachdem ihm sein Schwager einen Bienenstock geschenkt habe und er diesen

Mirella und Lodovico Valentes Bienenstand in den Rebbergen von Brescia.

im Garten seines Häuschens aufstellte. Die regelmässig ausfliegenden Bienenschwärme hätten im Viertel nur zu Beginn zu einem Fest geführt, bald hätten die Nachbarn begonnen, darüber die Nase zu rümpfen. Also seien sie mit ihren Bienen und all ihrer Habe aufs Land gezogen.

Achtzig Jahre alt ist Lodovico Valente heute, dennoch versucht er noch immer alles selber zu machen. *«Das Ergebnis sehen Sie hier!»* Er deutet auf seinen fehlenden Zeigefinger an der linken Hand. *«Mein Hirn hat noch nicht kapiert, dass ich nicht mehr zwanzig bin.»* Deshalb habe er sich vor drei Jahren auch im Arbeitseifer diesen Finger weggeschnitten und sich im letzten Sommer gleich zweimal an der Hand verletzt. Immer mit der Kreisssäge. Erst vor kurzem habe er ein Schild daran gehängt mit dem Hinweis: «Attenzione».

Das Problem mit der heute schwächelnden Hand hat er kooperativ gelöst, die linke Flanke übernimmt seine Frau. Wenn er einen neuen Bienenstock baue, montiere er sofort zwei Griffe. So, dass sie vor der Fahrt hinauf in die Berge den Stock an der linken Seite aufladen könne, nachdem sie sich vor sechs Monaten bei einem Treppensturz das rechte Handgelenk gebrochen habe. *«Wir machen also förmlich halbe-halbe, jeder mit seiner intakten Hälfte sozusagen!»*

Die Einladung zum Mittagessen im nahegelegenen Wirtshaus Trattoria Eva gerät zum unvergesslichen Erlebnis. Risotto aus Rollgerste mit Artischocken, Rindfleisch in Senfsauce, begleitet von mehreren Flaschen Rotwein. Die Wirtin, gut befreundet mit unseren Gastgebern, trägt zwei riesige Korallen-Ohrringe in Form einer Rosenblüte. Je zwei Whiskys runden das Essen und die Gespräche ab. Für die kurze Rückfahrt wählt Lodovico Valente eine spektakuläre Abkürzung, die ob ihrer Steilheit wohl schon zu Fuss grössere Probleme bereitet hätte. Das Abenteuer verläuft nicht ohne wiederholte Berührung der Steinwände mit dem Geländewagen. Wie durch ein Wunder gelangen wir zurück zu unserem Ausgangspunkt. Im Gegensatz zum Auto unversehrt.

Der Nektar der Brombeere ist in vielen Frühjahrs- und Sommerhonigen zu finden.

Basel
Mailand
Genua
Venedig
Schwarzwald
Schwäbischer Jura
Rauhe Alb
Fränkischer Jura
Wasgenwald
Jura Gebirge
Sundgau
Sichelberge
Katzenbuckel
Königstuhl
Kalmit
Hornisgrinde
Kniebis
Hohenzollern
Hohenstaufen
Kaiserstuhl
Feld B.
Belchen
Gr. Belchen
Welsch Belchen
Chasseral
Bodensee
Zürich
Appenzeller A.
Säntis
Allgäuer A.
Zugspitze
Nordtiroler Kalk-A.
Ötztaler Alpen
Zillertaler A.
Vierwaldstätt. A.
Glarner A.
Freiburger A.
Berner A.
Finsteraarhorn
Jungfrau
St. Gotthard
Rhätische A.
Bernina
Ortler-A.
Ortler
Südtiroler Dolomit-A.
Marmolada
Lepontische A.
Walliser A.
Matterhorn
Mt. Rosa
Mt. Blanc
Savoyische A.
Grajische A.
Gran Paradiso
Cottische Alpen
Mt. Viso
Dauphiné A.
Mt. Pelvoux
Meer Alpen
Ligurische A.
Bergamasker A.
Adamello
Trienter A.
Vicentinische A.
Appennin
Golf v. Genua
Riviera di Ponente
Riviera di Levante
Oberbayern
Schwäbisch-Bayrische Hochebene
Po
Donau
Rhein
Landhöhen:
niedriger als der Meeresspiegel
0 - 100 Meter
Höhenzahlen schwarz

Die Honige der Ostalpen

Ahornhonig
Akazienhonig
Buchweizenhonig
Edelkastanienhonig
Fichtenhonig
Himbeerhonig
Kirschhonig
Kleehonig
Lindenhonig
Löwenzahnhonig
Rapshonig
Sonnenblumenhonig
Tannenhonig

Erich Wieser

«Buchweizenhonig ist ein Honig für Liebhaber, er riecht etwas nach Schweinestall, er jauchlt a bissl.»

Buchweizenfeld in Niederösterreich (A)

Gainfarn
Thermenregion
Niederösterreich

Erich Wieser

Von Honigen, die jauchln und mausln

Im kleinen Garten steht zwischen Gemüsebeeten und Obstbäumen eine riesige Klotzbeute. Erich Wieser öffnet ein Holztürchen und schiebt einen kleinen schwarzen Vorhang zur Seite. Wie auf einer Bühne wird der Blick freigegeben auf eine Welt im Dunkeln. Auf leicht gewellten und parallel gebauten Naturwaben krabbeln Tausende Bienen. Sie sind leicht erregt durch den plötzlichen Lichteinfall in ihr Heim. Direkt unter den Ausfluglöchern der Bienen ist ein kleines Biotop, gespeist von einem schmalen Bach, der quer durch den Garten rinnt. Den Bach hat der Besitzer erst entdeckt, als er das Haus längst gekauft hatte.

Gainfarn liegt in der niederösterreichischen Thermenregion, direkt am Rande des Wienerwaldes. Gleich hinter dem Weinort wird es hügelig. Weingärten lösen sich ab mit vereinzelten Trockenrasen, die im Mittelalter durch die Entwaldung und die anschliessend intensive Beweidung entstanden sind. Gegen oben münden Rebgärten und Wiesen in Schwarzkiefernwälder. Im Unterholz blüht massenhaft und auffällig gelb die Kornelkirsche. Wie gestrandete Raumschiffe liegen am Waldrand einige neue Protzbauten, dahinter die altehrwürdigen Villen aus der Zeit um 1900. Die gute Anbindung an Wien sowie der benachbarte Kurort Bad Vöslau tragen schon seit langem zur Attraktivität für Zuzügler bei.

Auch Erich Wieser war einer von ihnen. Geboren und aufgewachsen ist er in Strasshof im niederösterreichischen Weinviertel. Mit Landwirtschaft hatte seine Familie wenig am Hut. «*Ich war immer schon sehr naturinteressiert und bin jedem kleinen Viecherl nachgerannt*», erzählt Wieser. Als er erfuhr, dass das Institut für Bienenkunde, damals in Wien Grinzing, einen Lehrling suchte, nützte der damals Fünfzehnjährige seine Schulferien für einen Schnupperkurs. Der Duft des Bienenhauses sollte ihn sein Leben lang nicht mehr loslassen! «*Na, mi hot's umghaut, i war so fasziniert, da hot's an Geruch drinnen ghob von Propolis, Wochs, alls zaum. Deis wor … do hob i ma deinkt, deis moch i … Deis wird mei Beruf.*»

Eine eigene Berufsschule für Imker gab es damals nicht, Wieser durfte während seiner Lehrzeit mit den anderen Landwirtschaftslehrlingen mitlaufen. «*Dort habe ich viel gelernt, von der Waldwirtschaft über den Pflanzenbau bis zur Viehzucht und der ganzen Nutztierhaltung*», erzählt er. Auch handwerklich sei da einiges dazugekommen, habe er doch auch etwas Schlossern und etwas Tischlern gelernt.

Als das Institut für Bienenkunde später von Grinzing in das alte Schloss Gainfarn in die Thermenregion übersiedelte, lernte Wieser den Ort kennen, der später seine Heimat werden sollte. Während seiner Lehrzeit half er an den Wochenenden einem Imker und besserte so seine karge Lehrlingsentschädigung auf. Als die Lehrzeit um war, arbeitete er drei Jahre als Facharbeiter an der Imkerschule in Warth. Gemeinsam mit einem Freund, der aus Brasilien zurückgekehrt war, baute er ab 1989 einen eigenen Betrieb auf. Als jener 1992 Österreich wieder verliess, führte er den Betrieb alleine weiter und wurde im folgenden Jahr Vollerwerbsimker.

Hier in der Thermenregion beginnt das Bienenjahr mit den Weiden, dann folgen Kornelkirschen, bald darauf kommt schon die Obstblüte. Häufig zu finden ist vor allem in den Parkanlagen der Spitzahorn, in den Gärten stehen Marillen, Kirschen und Äpfel. Überhaupt gibt es in dieser Landschaft viel Obst. *«Bevor die Linde blüht, lasse ich alles zusammenkommen und ernte den Frühlingsblütenhonig.»* Der letzte Nektar vor der Linde ist der vom Hartriegel. *«Bevor ich da draufgekommen bin, habe ich mich immer gewundert: Habe ich so viele Mäuse in meinen Bienenstöcken? Der mauslt ja so extrem.»* Mit der Ernte des Lindenhonigs ist das Honigjahr hier vorbei.

Das Gespräch findet im Verkaufsladen statt, inmitten von alten Bienenkisten, auf denen sich Honiggläser türmen. Immer wieder betreten Kunden den Laden. Zwischendurch gibt Erich Wieser Anweisungen an seine beiden Saisonarbeiter, die nebenan im neugebauten Honigverarbeitungsraum werken. *«Alleine schafft man das nicht mehr»,* meint er. Mit 600 Bienenvölkern, die vom Weinviertel bis Puchberg am Schneeberg verteilt sind, zählt er zu den grossen Imkern der Region. Um die körperliche Anstrengung in diesem Beruf besser zu meistern, hat er immer Sport gemacht. Taekwondo hat er betrieben, heute geht er vor allem regelmässig laufen. Um dem häufigen Imkerleiden, dem Bandscheibenvorfall, vorzubeugen, gilt für ihn als Grundregel: Honig nur noch mit dem Stapler heben.

Unvergesslich sei ein Erlebnis aus seiner Lehrzeit. Gemeinsam mit dem Imker, bei dem er gelegentlich aushalf, hätten sie nach der Ernte des Akazienhonigs die Völker wegbringen wollen, entweder nach Wien oder in den Wald. Die Völker seien so stark gewesen, dass grosse schwarze Bienenbärte aussen am Flugloch hingen. Und das mitten in der Nacht. Bevor sie die Völker aufladen konnten, mussten sie versuchen, die Bienen überhaupt in die Kisten zu bringen, was ihnen aber nur teilweise gelungen sei. Überall seien Bienen gewesen. *«Sie sind uns in die Hosen gekrochen, obwohl wir die Hosenbünde mit Zeitungspapier ausgestopft hatten.»* Als er wieder zu Hause gewesen sei, habe er Schüttelfrost bekommen und Fieber. *«Ich hatte Hunderte Stiche, das war einfach zu viel Bienengift für meinen Körper.»*

Was ihn nicht davon abhielt, weiter auf die Bienen zu setzen. *«Honig ist schlicht ein Naturwunder, das mich immer wieder von neuem fasziniert»,* schwärmt Erich Wieser. Und guter Honig stamme immer frisch von den Bienen und habe noch Stocktemperatur, dann verfüge er über das volle Aroma. Noch bevor er hundertmal bearbeitet worden sei. Aber das würden die wenigsten Kunden begreifen; viele wollten nun mal vor allem flüssigen Honig,

Erich Wiesers Bienenstand mit aussitzenden Bienen im Hochsommer in Niederösterreich.

etwa jenen der Sonnenblume. Also erwärme er diesen für sie, weil er sonst besonders rasch kristallisiere.

Sohn Tobias ist dem Vater wie aus dem Gesicht geschnitten, schon lange ist auch er der Imkerei verfallen. Er wird demnächst sechzehn und absolviert eben sein erstes Lehrjahr in der Imkerschule. *«Früher, als er noch klein war, da war er ein Papakind, er wollte immer dabei sein»*, erzählt Wieser. Wenn er gestochen worden sei, sei ihm das wurst gewesen. Stundenlang habe er auf einem Bienenstock gesessen und ihm bei der Arbeit zugeschaut. Als er dann grösser war, sei die Frage nach einer Schnupperlehre in einem Betrieb schnell vom Tisch gewesen: Er entschied sich, Imker zu werden. Doch nach der Lehre soll er erst auf Wanderschaft, *«nach Brasilien, zu den Killerbienen etwa»*, nach Südafrika und nach Australien. Oder nach Deutschland, da gebe es auch einige sehr spannende Imkereibetriebe.

In Deutschland zumindest dürften sie den Buchweizenhonig auch kennen, einen der aussergewöhnlichsten Honige, der auch in Österreich und Slowenien gewonnen wird. Ein Honig, der die Wanderimkerei wohl mitbeeinflusst hat, da die Imker Sloweniens nach der Frühjahrsblüte den Buchweizenfeldern nachgewandert sind, um den Bienen zu ihrem Winterfutter zu verhelfen. Und da der Buchweizen zwei Monate lang blüht, wenn kaum mehr andere Trachtpflanzen Erträge liefern, hat sich dieses Pseudogetreide zu einer spannenden Spättracht entwickelt.

Erich Wieser erntet fast jedes Jahr Buchweizenhonig, wenn auch in kleinen Mengen. Es ist ein Honig wirklich für Liebhaber, so Wieser, denn *«er jauchlt a bissl»*. In der Tat riecht ein reinsortiger Buchweizenhonig etwas nach Schweinestall. *«Als ich ihn das erste Mal geerntet habe, dachte ich, die Bienen haben Jauche in den Bienenstock eingetragen.»*

Die Farbe seines zähflüssigen Buchweizenhonigs ist Dunkelbraun mit leichtem Rotstich und der eines Fichtenhonigs nicht unähnlich. Die Honigrarität hat eine mittlere Tendenz zur Kristallisation. Der Geruch ist sehr charakteristisch und leicht zu erkennen: äusserst kräftig und rustikal, erinnernd an Leder und eben etwas an Schweinestall. Am Gaumen herrschen ein Eindruck von Frische durch Mentholaromen und ein angenehmes Verhältnis von Zucker und Säure vor. Der sehr lange Abgang dieses Honigs ist geprägt von animalischen Aromen. Ein Honig eben, den man liebt oder völlig ablehnt.

Die Thermenregion liegt am Ostrand der Alpen. Sie ist geologisch Teil des südlichen Wiener Beckens und war vom urzeitlichen Meer bedeckt. Häufig trifft man auf Kalkablagerungen aus dieser Zeit. Kalkhaltiger Schotterboden wurde aber auch von den Flüssen aus den Kalkalpen hier angeschwemmt. Durch die Thermenregion verläuft eine tektonische Bruchlinie mit schwefelhaltigen Thermalquellen, an denen Kurorte wie Baden, Bad Vöslau und Bad Fischau liegen. Prägend für die Vegetation der Thermenregion ist das pannonische Klima. Das bedeutet trockene und kalte Winter und warme, ebenfalls trockene Sommer. Die Niederschlagsmengen sind sehr niedrig und liegen im Jahresmittel bei 550 Litern pro Quadratmeter. Wind ist in dieser Region ein ständiger Begleiter.

Bienen auf Naturwaben.

Die zunehmende Trockenheit der letzten Jahre macht auch den Bienen zu schaffen. Die Honigerträge sind rückläufig. Besonders schlimm war es im letzten Jahr. *«Wir hatten im Vorjahr ein Feld mit dreissig Hektaren Sonnenblumen, doch nicht einmal ein Tröpferl Honig kam von dort.»* Noch Ende der achtziger Jahre, als der Anbau der Sonnenblume in der Region begonnen hatte, habe er noch oft hundert Kilogramm pro Volk geerntet.

Einer der alljährlichen Höhepunkte der Honigsaison ist die Wanderung mit den Bienen in die Alpenrose, weit hinein ins steirische Sölktal. Der Stellplatz liegt auf 1600 Metern über Meer. Je zur Hälfte sind es seine Bienen und die eines Kollegen, der Erich Wieser auf der Reise begleitet. Auch wenn er selbst fünfzig Völker aufstellen könne, mache die Fahrt in die Berge zu zweit schlicht mehr Spass. *«Wir sind meistens um ein Uhr in der Nacht mit der Arbeit fertig, dann jausnen wir, trinken die im Bach gekühlten Biere und haun uns dann ins Auto und schlafen.»* Auch wenn es da oben oft saukalt sei. *«Da schlafe ich gelegentlich schon mal mit einem Hauberl.»*

Der Buchweizen wird in der Steiermark auch «Hoan» genannt, da er aus dem Land der Sarazenen kam, also der Heiden.

Aquilin Moser

«Mei Lieblingsfrühstück? A Budabrot mit Woldhonig und a hantiga Kaffee.»

Fichtenwald in der Oststeiermark (A)

Rohrbach an der Lafnitz
Oststeiermark

Aquilin Moser

Von der Au auf die Alm

Aquilin Moser die genaue Anzahl seiner Bienenstöcke entlocken zu wollen ist ein sinnloses Unterfangen. Auf die Frage, wie viele Bienenstöcke er sein Eigen nennt, antwortet er im breiten oststeirischen Dialekt: *«Woas i nied!»* Das heisst, ungefähr weiss er es schon, aber halt nicht genau. Aber dafür weiss er, wo sie stehen. Mit Reissnägeln hat er auf der Landkarte in seinem Büro seine Bienenstände markiert, vierzig Standplätze sind es insgesamt.

Die Bienenhütte seines Onkels, der schon in den Jahren vor dem Zweiten Weltkrieg ein grosser Imker war, war für den im Jahre 1947 geborenen Oststeirer der erste Schauplatz seiner imkerlichen Tätigkeit. Strohkörbe standen darin und auch *«Hinterbehandler»* – Bienenkisten, die von hinten geöffnet werden konnten. Nach dem Tod seines Onkels im Krieg erbte Aquilin Mosers Vater die Landwirtschaft samt Bienenhaus. Um die Bienen kümmerte er sich allerdings nicht. *«Es war eine wilde Aktion»*, erinnert sich Moser. *«Die Bienen sind gekommen und wieder abgeschwärmt. Und ich, als kleiner Bub, habe begonnen, dort herumzuwerken.»* Bald waren nur noch wenige Völker da. Die meisten waren abgeschwärmt oder gestorben.

Einer der Nachbarn, der Kandlhofer, war Imker und sollte Mosers erster Lehrmeister werden. Bei ihm verbrachte er viel Zeit, fing Schwärme und quartierte sie in Kisten ein. Im Sommer wanderte der Kandlhofer alljährlich mit seinen 150 Bienenvölkern ins Wechselgebiet, ein Mittelgebirge im Osten Österreichs. Der Nachbar hatte in den sechziger Jahren bereits einen Traktor, einen grauen Ferguson 135. Darauf verluden die beiden die Bienenstöcke und brachten sie in einer mehrstündigen nächtlichen Fahrt auf den Berg hinauf. Für die Dauer der Waldtracht liessen sie sie dort. Mit einer blauen Puch 125 kontrollierten sie die Standplätze alle paar Tage, und der Kandlhofer zeigte dem Jungimker die Honigtauerzeuger, die den Rohstoff für den Waldhonig lieferten. Noch am Wanderplatz schleuderte Mosers Lehrmeister den Honig, füllte ihn in Milchkannen und beförderte sie – angehängt ans Motorrad – talwärts. Verkauft habe er den Honig vor allem an Sommerfrischler aus Wien, hauptsächlich im Gasthaus Kohl im oststeirischen Eichberg.

Wenig ermutigend seien indes die Aussichten gewesen, von denen der Kandlhofer gesprochen habe. Wenig wirtschaftlich sei die Imkerei, viel

lasse sich damit nicht verdienen. Aber es reiche am Sonntag beim Kohl *«für a Beischl und a Ochtl Wein»,* so der Lehrmeister. Kurz hätte er in diesen Momenten an der Imkerei gezweifelt, ein wöchentliches Beuschel und ein Glas Wein würden ja kaum für die Zukunft ausreichen.

Während seiner Lehre als Schmied und Landmaschinenschlosser bei einem Onkel in Mönichwald ist er wieder mit den Bienen in Kontakt gekommen, hat sich der Onkel in seiner Freizeit doch auch mit der Imkerei beschäftigt. Und die Einnahmen waren nicht gering, denn die Tante hatte mit dem Honiggeld alle Lebensmittel einzukaufen und für den Unterhalt der vier Lehrlinge zu sorgen. Allerdings ist die Imkerei schon viel fortschrittlicher gewesen als die seines Lehrmeisters Kandlhofer. Moser hielt seine eigenen acht bis zehn Bienenvölker aber noch einige Zeit in Strohkörben, die eine Art Bodenbrett hatten, in dem ein Flugloch eingeschnitten war. Den Honig hat er aus dem Korb rausgeschnitten und dann den ganzen Korb umgedreht. Die Honigwaben kochte seine Mutter nachher auf dem Feuer über einem Wasserbad aus. Mit der Zeit überzeugte ihn aber sein Onkel von den Vorteilen modernerer Bienenbehausungen, die wesentlich effizienter waren als die altgedienten Strohkörbe.

Der Beginn seiner Berufstätigkeit zwang Aquilin Moser, eine Dienstwohnung im obersteirischen Bruck an der Mur zu beziehen. Und das nur wenige Jahre, nachdem er ein Wohnhaus im oststeirischen Rohrbach an der Lafnitz gebaut hatte. Die Bienen nahm er kurzerhand mit, die Imkerei liess ihn nicht mehr los. Harz und Propolis unter den Fingernägeln des jungen Baukaufmanns verrieten doch gar oft, dass er während seiner Dienstreisen oft noch einen längeren Abstecher zu seinen Bienen gemacht hatte. Was ihm aber niemand verübelte, immerhin blieb er 38 Jahre im Dienst seiner Baufirma.

Erst die Pensionierung war dann der Startschuss ins richtige Leben als Erwerbsimker: *«Ich hatte einfach zu viel Zeit»,* erinnert er sich. Der Imker erweiterte die Zahl seiner Völker und kaufte sich einen Kranwagen, der die Wanderung mit den Bienen beträchtlich erleichterte. In den ruhigeren Wintermonaten baute der gelernte Maschinenschlosser sämtliche Arbeitsgeräte wie Honigschleuder und Wachsschmelzer aus Edelstahl in Eigenregie.

Mosers wichtigste Wanderplätze liegen im Joglland, im Gebiet des Hochwechsels sowie in den Fischbacher Alpen. Ab Mai blüht dort erst der Löwenzahn, dann folgt der Bergahorn, und gleich darauf setzt die Honigtauerzeugung in den Nadelwäldern ein. Den begehrten Waldhonig erntet der Wanderimker in vielen Varianten vom malzigen Fichtenhonig bis zum würzigen Tannenhonig aus über 1000 Metern Seehöhe.

Seine Bienenstellplätze für die Überwinterung verteilen sich auf das Stremtal im Südburgenland und auf das Lafnitztal im Grenzgebiet zwischen Steiermark und Burgenland. *«Das Stremtal bietet hauptsächlich die Bachweiden, später die Akazie und anschliessend noch Honigtau von der Eiche. Im Herbst fliegen die Bienen auf die Herbstzeitlosen»,* erzählt der Imker. Als einer der ersten hat er die imkerlichen Vorzüge der Auwälder entlang der Lafnitz erkannt. Bachweiden und vor allem der Faulbaum, eine wichtige Nektarquelle für den würzigen Frühlingshonig aus der Au, sowie Wildkirschen ermöglichen

Aquilin Moser platziert seine Bienenstände im oststeirischen Wechselgebirge bevorzugt in Vierergruppen.

den Bienen eine günstige Frühlingsentwicklung. Im Herbst verlängern Springkraut und Goldrute die Bienensaison. Eine Auffütterung mit Zuckerwasser erübrigt sich. Die Pollenvielfalt der Aulandschaft fördert die Gesundheit der Bienen.

Neophyten wie Goldrute und Springkraut verteidigt Moser leidenschaftlich. Nicht nur, dass diese Spätblüher seinen Bienen eine interessante Abwechslung auf den Speiseplan bringen. Er hat daneben noch ein ganz besonderes Interesse an diesen zugewanderten Pflanzen: *«Was bringt es denn, wenn die Naturschützer die alle abmähen? Was nachfolgt, sind endlose Brennnesselfelder, und die verbrennen mir nur die Wadeln.»* Weil er halt immer in kurzen Hosen und mit nacktem Oberkörper arbeite. Die spärliche Arbeitsbekleidung errege immer mal wieder die Aufmerksamkeit der Spaziergänger und der Bauern. Einer habe ihn kürzlich vom Traktor herunter ausgefragt, warum er sich denn nicht gegen all die Bienenstiche schütze. Seine Tochter sei auch Imkerin und die würde sich so ankleiden, dass sie selbst die Ärmel mit Klebebändern zuklebe, um nicht gestochen zu werden. *«Das verstehe ich nicht, denn meine Bienen stechen mich doch nicht, sonst wären sie nachher tot, und das wissen sie doch bestens.»* Noch während des Gesprächs hätte eine Biene den Bauern in die Stirn gestochen. *«Siehst du, dich kennen sie eben nicht»,* hat er da nur zurückgefrotzelt.

Aquilin Moser ist seit Jahren ein erfolgreicher Königinnenvermehrer. Als Züchter sieht er sich nicht, schliesslich betreibe er ja keine Wissenschaft. Eigentlich geht er nach einem bestechend einfachen System vor. Er arbeitet – wie in seinem Büro auf der Landkarte – auch bei seinen Bienenstöcken mit Reissnägeln, die er auf den Stöcken anbringt, wann immer ein Volk quasi einen Pluspunkt verdient hat. Für ein Volk etwa, das den Winter überlebt hat: ein Reissnagel. Für ein Volk, das sich im Frühjahr gut entwickelt: ein Reissnagel. Oder für ein Volk, das viel Honig liefert: noch ein Reissnagel. Oder einen für ein Volk, das bei schlechtem Wetter nicht grantig wird, oder einen für ein Volk, dass nicht schwärmt. *«Im Herbst stelle ich die Völker mit den meisten Reissnägeln auf einem Stand zusammen. Von denen schaue ich dann, welches den Winter trotz Varroamilbe am besten übersteht, und das nehme ich dann nach Hause und sorge mit diesem für die Vermehrung.»*

Doch nicht nur bei den Bienen ist für Nachwuchs gesorgt, sondern auch für die Imkerarbeit. Sohn Thomas hilft viel mit und auch Mosers Schwiegertochter Claudia. Beide haben die Facharbeiterausbildung für Imkerei mit Auszeichnung absolviert. Und das, obwohl er ein schlechter Lehrmeister sei. *«Ich kann nicht arbeiten und reden, so arbeiten wir immer schweigend. Er von einem Ende des Standes her, ich von einem anderen Ende.»*

Honig ist für Aquilin Moser in erster Linie eine Frühstückskost. *«Bauernbrot mit Butter drauf und dann Honig darüber, und das mit einem hantigen Kaffee.»* So wie es seine drei Enkeltöchter auch lieben würden, nur halt Opas Frühstück mundgerecht vorgeschnitten und ohne den bitteren Wachmacher. *«Meinen Enkelinnen erzähle ich dann auch gerne Geschichten wie jene des Revierförsters, der mich mal oben in den Alprenrosen besucht hat. Der wollte*

Bienen auf Honigwabe.

von mir Wabenhonig, den er auch gekriegt hat, eine volle Wabe mit rund zwei Kilo Honig drin. Der hat sich auf einen Holzklotz gesetzt und hat die ganze Wabe aufgegessen. Und dann wollte er erst noch eine für zuhause.»

Den Bienen ist er auch im Gegensatz zu den Ziegen, Schafen und Hasen seiner Kindheit treu geblieben. Dies, weil er als Kind vor allem für Schafe und Ziegen immer im Wald hätte Laub sammeln und hacken müssen, um es als Winterfutter zu trocknen. Das sei ihm schlicht eine zu mühsame Arbeit gewesen. Vor allem aber, weil er immer am liebsten Honig gegessen habe. Mit seiner Imkerei hätte er nun so ziemlich alles erreicht, was er sich einst vorgenommen habe. Nun bleibe ihm nur noch, allenfalls ein Motorrad zu kaufen und in der Gegend herumzufahren und zu schauen, wo es so richtig honigt. Ganz so, wie sein erster Lehrmeister, der Kandlhofer.

Läuse produzieren Fichten-Honigtau.

Franc Šivic

«Die Biene, das ist ein Tierchen, das man nie ganz versteht. Auch wenn man es ein Leben lang studiert.»

Garten in Šempas in Westslowenien (Slo)

Šempas
Slowenisches Küstenland

Franc Šivic
Den Honig in den Genen

Ruhe, Besonnenheit und Lebensweisheit, das alles strahlt Franc Šivic aus. Drei Qualitäten, die bei Imkern vereinzelt immer wieder festzustellen sind. Wenn auch nicht alle zusammen, jedoch ist das bei Šivic wirklich der Fall. Dass er oft und viel von Bienen spricht, wird im Gespräch schnell klar, und auch, dass er wirklich etwas von ihnen versteht. In Slowenien kennt man den Imker, zahlreiche Zeitungsartikel sind von ihm und über ihn erschienen, und demnächst veröffentlicht ein slowenischer Verlag seine Autobiographie unter dem Titel: «Mein Leben mit den Bienen».

Und das will schon etwas heissen, wenn man sich in Slowenien mit seinen 10 000 Imkern einen Namen gemacht hat. Denn die Imkerei und der Honig, so Šivic, *«die liegen in den Genen der Slowenen»*. In der Tat hat wohl kein Land des Alpenraums eine so beachtliche Zahl an Imkerpersönlichkeiten hervorgebracht wie Šivics Heimat. Etwa Anton Janscha, der im Jahre 1769 von Kaiserin Maria Theresia nach Wien berufen wurde, um eine Imkerschule zu begründen, die erste dieser Art im ganzen deutschsprachigen Raum. Zwei Standardwerke brachte Janscha auch auf den Markt, beide über die Imkerei. Zu nennen wäre da noch Peter Pavel Glavar, unehelicher Sohn eines Malteser Ritters und Priesters, der Janschas Bücher ins Slowenische übersetzte und selbst eine berühmte Imkerschule gründete. Später sollten noch viele weitere folgen. Meist waren es Pfarrer oder Lehrer, die Artikel in Zeitschriften verfassten oder Vorträge über fortschrittliche Imkerei hielten. Diese Tradition aus dem 18. Jahrhundert dauert bis heute an und ist vermutlich die Ursache für die weite Verbreitung der Bienenhaltung in Slowenien. Die Imkerei und der Honig, die Poesie der Landwirtschaft, sei eben Teil der Identität seiner Bewohner, so Šivic.

Das Gespräch mit Franc Šivic findet im Wintergarten seines Hauses in Ljubljana statt, der Hauptstadt Sloweniens. Im Garten steht eine neuerrichtete Bienenhütte mit einigen Bienenvölkern. Früher war dies sein einziger Standplatz, als es in der Nähe der Stadt noch grosse Felder gab. Heute liegen Haus und Garten in der Nähe der Stadtautobahn, inmitten von weitläufigen Wohnanlagen, die Felder sind verschwunden. Um die Honiglandschaften Sloweniens zu erkunden, verlässt Šivic seine Heimatstadt erzählerisch, und das in fehlerfreiem Deutsch:

Slowenien liegt zwischen den Alpen im Norden und dem Gebirgszug der Dinariden im Süden. Der flache östliche Landesteil befindet sich am Rande

ČEBELNJAK
SI 184395

2020
M.8
28.4
6.5
13.5
22.5
10.6
M.8 stisnil
BM

der pannonischen Tiefebene, und im Westen reicht das Küstenland bis an die Adria. Im nordöstlichen Teil Sloweniens, an den Landesgrenzen zu Österreich, Ungarn und Kroatien, finden sich Feldkulturen. Hier werden Raps, Sonnenblumen und in den letzten Jahren vermehrt auch Buchweizen angebaut. Die Felder sind häufig das Ziel von Wanderimkern. Löwenzahn ist auf Grünlandflächen im Voralpengebiet weit verbreitet. Reine Löwenzahnhonige sind selten, meistens sind sie mit Nektar von der Kirsche vermischt. Die wichtigsten Akazienwälder findet man im Karst, entlang der italienischen Grenze zwischen Koper und Görz, sowie in den bewaldeten Hügelzonen nördlich der Mur. Kleinere Akazienvorkommen gibt es auch im Kozjansko-Hügelland an der Grenze zu Kroatien.

Das Soča-Tal, dort wo sich im Ersten Weltkrieg die Kriegsmächte einen erbitterten und mehrjährigen Stellungskrieg geliefert haben, ist berühmt für seine Lindenhonige. Insbesondere am östlichen Ufer des auf italienisch Isonzo genannten Flusses zwischen Görz und Bovec gibt es wegen des frischen Windes aus den Alpen fast ausschliesslich Lindenwälder. Weiter südlich steigt der Anteil der wärmeliebenden Edelkastanie, und auch der Charakter der Honige ändert sich. Reine Edelkastanienhonige können zudem in den Wäldern um Litija, etwa vierzig Kilometer östlich von Ljubljana gewonnen werden.

Grössere Waldgebiete finden sich in der Mitte des Landes. Der Pohorje, zu deutsch auch: Bachergebirge, ein dicht bewaldetes Mittelgebirge in Nordslowenien, ist für die Imker ein begehrtes Wanderziel, um Fichtenhonig zu ernten, so wie auch in Südkärnten und in der Oberkrain. Das Hauptgebiet für die Tannentracht hingegen ist die Hochebene des Gottscheer Berglands um Kocevje in den Dinariden mit seinen Erhebungen um die tausend Meter Seehöhe. Auch im Bachergebirge honigt die Tanne ziemlich regelmässig. Einträge von Ahorn sind in slowenischen Waldhonigen sehr häufig, da Ahorn alle drei bis vier Jahre eine starke Samenproduktion aufweist und sich vor allem in Kahlschlägen gut verbreiten kann. Hochalpengebiete mit Alpenrosen sind in Slowenien rar und weit weniger verbreitet als in den italienischen Südalpen.

Neophyten wie Goldrute und Springkraut bereichern den Speiseplan der Bienen seit einigen Jahren und können den Imkern einen Teil der Auffütterung der Bienenstöcke im Herbst ersparen. Im Spätherbst ist auch Efeu von Bedeutung. Nennenswert sind noch kleine Zonen mit Heidekraut, Bohnenkraut und verwildertem Salbei. Die dort gewonnenen Honige zählen zu den absoluten Raritäten aus Sloweniens Honiglandschaften.

Typisch für die slowenische Imkerei sind «Hinterbehandler». Das sind Bienenstöcke, die von hinten geöffnet werden und entweder in Hütten oder oft auch auf Transportwagen stehen, meist auf alten, nur noch knapp fahrtauglichen Lastwagen. Auch Franc Šivic hatte eine Zeit lang einen solchen Wanderwagen mit 36 Völkern und ist mit ihm durch ganz Slowenien gezogen.

Die Slowenen sind stolz auf ihre Imkertraditionen. Was bis hinauf in die Spitzen der Agrarpolitik zu spüren ist. Anders als in vielen Ländern Europas, wo Imker von der Agrarlobby meistens ignoriert oder gar als Störenfriede wahrgenommen werden. Nicht so in Slowenien; der Agrarminister war ein enger Freund des Präsidenten des slowenischen Imkerverbandes. Ein Vorteil,

Franc Šivic in seiner Bienenhütte.

der sich auch auf den Einsatz von Pestiziden ausgewirkt hat. So wurden etwa die gefährlichen Neonikotinoide, eine Gruppe von aggressiven Insektiziden, in Slowenien wesentlich früher verboten als im Rest der Europäischen Union und der anderen Alpenländer.

Und Šivic ist schon seit langem ein wichtiger Botschafter für das Wohl der Bienen: *«Sie haben mir schliesslich ein Leben lang Glück gebracht.»* In der Tat ermöglichten sie ihm und seinen drei Geschwistern ein Universitätsstudium, das mit dem Gehalt des Vaters als Lehrer nie zu finanzieren gewesen wäre. Als grosser Imker verdiente dieser das Geld nebenberuflich mit der Imkerei, mit immerhin 120 Völkern. Die Šivics ernteten immer sehr viel Honig und konnten ihn auch gut verkaufen. Als Franc Šivic dann Forstwirtschaft studierte, bekam er dank seinem Professor erst noch die Gelegenheit, in der Schweiz zu studieren. Und das zu einer Zeit, da es sehr schwer war, aus dem kommunistischen Jugoslawien in andere Staaten Europas zu reisen. Er erhielt die Möglichkeit, weil auch der Vater des Professors Imker war. Das war für letzteren der Auslöser, ihm diesen Auslandaufenthalt als einzigem unter vierzig Studenten anzubieten.

Glück hatte Šivic auch mit einer jungen Studentin, die später seine Frau werden sollte und seine vertraute Gefährtin während seiner gesamten Imkerlaufbahn. Silvana hatte er auf der Universität kennengelernt, auch sie studierte Forstwirtschaft, obwohl es damals in dieser Studienrichtung noch kaum Frauen gab. Nach dem Studium fand Šivic eine Anstellung im staatlichen Holzexport und hatte nun die Möglichkeit, die ganze Welt zu bereisen. Eines Tages fragte ihn seine Frau, ob er mit ihr zusammen den Bauernhof ihrer Eltern übernehmen wolle. Was für eine Frage. *«Es war immer mein Traum, eigenes Land zu haben, also habe ich eingeschlagen.»* Heute besitzen die beiden ihr eigenes Land, vier Hektaren, mit etwas Wald. Klein und überschaubar, aber völlig ausreichend, meint Franc Šivic. Unmittelbar nach der Hochzeit übersiedelte der Imker alle Bienen in das Haus seiner Frau nach Šempas.

Die Landschaft des im Westen Sloweniens gelegenen Vipava-Tals geht von Ajdovscina bis Görz. Šempas liegt ungefähr in der Mitte, etwa acht Kilometer von der italienischen Grenze entfernt. Das Tal ist nach Westen geöffnet und reicht bis zur Adria, der das für den Weinbau bekannte Tal auch das mediterrane Klima verdankt. Für die Bienen gibt es hauptsächlich Akaziennektar als Nahrungsquelle. Nördlich des Flusses Vipava liegt die Hochebene Trnovski Gozd, die mit Fichten, Tannen und Ahorn bedeckt ist und die zu den Wandergebieten von Franc Šivic gehört. Südlich von Šempas liegt das Hügelland, das später in den Karst übergeht. An den Hügeln wird Weinbau betrieben, abgelöst von Mischwäldern mit Kastanien, Eichen und Linden. Im zeitigen Frühjahr gibt es bei gutem Wetter Kirschennektar. Löwenzahn folgt, dann Akazie und Edelkastanie. Ohne wandern zu müssen, erntet der Imker hier drei verschiedene Honige. Spannend ist vor allem sein Edelkastanienhonig, der im Farbton strahlend rotbraun ist, intensiv nach den Gerbstoffaromen von nassem Eichenholz riecht und wunderbar eingebundene Bittertöne aufweist, welche die Süsse angenehm überdecken.

Typischer mobiler Bienenwagen in Slowenien.

Mild ist das Klima hier. Schon Ende März pflanzen die Šivics Kartoffeln aus, die sie oft bereits zur Sommersonnwende ernten können, mindestens vier bis sechs Wochen früher als in anderen Regionen des Alpenraums. Um Johanni reifen hier auch schon die ersten Äpfel. Die Vegetationsperiode dauert so lange, dass Gemüse in Hülle und Fülle vorhanden ist. *«Wir müssen nie Lebensmittel dazukaufen, das ist der wahre Luxus. Wir wissen immer, was wir essen und woher es kommt»,* schwärmt Šivic von ihrem gemeinsamen Leben als Selbstversorger.

Das Ehepaar Šivic ist viel unterwegs und besucht Imkerveranstaltungen, weltweit. 2003 haben die beiden in Ljubljana gemeinsam die Apimondia organisiert, den Weltimkerkongress. Silvana Šivic, die fünf Sprachen spricht, leitete das Informationsbüro. Auch Fotoausstellungen sind häufig das Ziel ihrer Reisen. Franc Šivic ist seit Jahrzehnten begeisterter Fotograf von Landschaften, Pflanzen, Insekten und «Glücksmomenten», wie er es ausdrückt. Sein fotografisches Werk ist beachtlich und wurde mehrfach prämiert.

Obwohl Imker, beschäftigt Šivic auch die Entwicklung der Weinkultur in seinem Tal. *«Der Wein hier ist schlicht zu teuer, verglichen mit dem Honig.»* Zehn Euro würde man im Handel für eine Flasche des einheimischen Weins bezahlen, gleich viel wie für ein Kilo Akazien-, Linden- oder Blütenhonig. Und damit erhalte er einen wirklich guten Preis, mit dem er sehr zufrieden sei. *«Deshalb kaufen wir den Wein direkt beim Bauern, meistens im Karst, da kriegen wir ihn für zwei Euro zwanzig, so stimmt das Preisverhältnis zum Honig wieder.»*

Während Šivics Sohn und Tochter in der familieneigenen Firma im Holzexport arbeiten, unterrichtet Grossvater Šivic den Enkel. Mit insgesamt vier weiteren Kindern besucht der in der Schule eine Jungimkergruppe. *«Eine Stunde Unterricht in der Woche, die praktischen Arbeiten machen wir bei uns im Garten.»*

Und zum Abschluss unseres Besuches kommt auch noch die Hand Gottes ins Spiel: *«Mein Freund, ein Pfarrer, sagt immer, dass die Bienen nur ein Werkzeug in Gottes Hand seien.»* Deswegen wolle er selber auch ein Buch schreiben, um zu zeigen, dass man mit Bienen nicht nur Honig gewinnen kann, sondern auch Glück. *«Die Biene, das ist ein Tierchen, das man nie ganz versteht. Auch wenn man es ein Leben lang studiert.»* Eigentlich zeige es ihm immer wieder, dass er im Grunde noch nichts über es wisse.

Die Edelkastanie liefert sowohl Honigtau als auch Blütennektar.

Johannes Gruber

«Honig ist das Spiegelbild der Landschaft, aus der er stammt. Honig ist Natur in ihrer reinsten Form. Honig ist roh.»

Aulandschaft in der Oststeiermark (A)

Buch-St. Magdalena
Oststeiermark

Johannes Gruber

Von Tante Resis Honig und vom Honig der Heiden

Der Honigtopf der Tante Resi steht weit hinten in der Honigwerkstatt, abgeschirmt von Kübeln mit Kirschblüten-, Buchweizen- oder Löwenzahnhonig. Zu verkosten gibt es ihn nur an bestimmten Anlässen. Dann etwa, wenn Johannes Gruber Köche oder Weinliebhaber zu einer seiner spektakulären Honig-Vertikalen einlädt. Denn von jedem Jahrgang und fast jedem Honig behält er eine kleine Charge, seit er mit der Imkerei im Jahr 2000 begonnen hat. Der Honig der Tante, den sie noch vor 1986 – und damit noch vor dem Reaktorunglück von Tschernobyl, wie Johannes Gruber gerne betont – gewonnen hatte, fällt da zwar etwas aus dem Rahmen, doch garantiert er die ungeteilte Aufmerksamkeit der Verkoster. Den Resi-Honig tauschte er bei der Tante einst gegen eigenen und frischen Honig ein, als diese die Imkerei schon längst aufgegeben hatte. Johannes Gruber, Bauernsohn aus der Oststeiermark, kam schon früh in Kontakt mit der Imkerei, auch wenn seine Leidenschaft für die Bienen erst viele Jahre später erwachte. Der Vater, ein Obstbauer, war bereits ein leidenschaftlicher Imker, Tante Resi, die Schwägerin der Eltern, ebenfalls. Vater und Tante trafen sich jeweils am Sonntagnachmittag, nach dem Kirchgang und dem traditionellen sonntäglichen Braten, bei den Bienen und tauschten ihre Erfahrungen aus. Wie jeder Bauernbub hatte Gruber von Kindesbeinen an mitzuhelfen auf dem Hof. Zu seinen ersten Aufgaben gehörte die Fütterung der Bienen mit Zuckerwasser.

Den Bienen gönnt er den Zucker heute noch, palettenweise hat er ihn gelagert, denn die zweihundert Völker benötigen im Winter einiges an Futter. Auch wenn er selber nur schalkhaft die Nase rümpft, wenn er Zucker auf den Gasthaustischen oder in den Küchen sieht. Der kommt ihm selbst nicht ins Haus. Sogar die traditionellen und sonst zuckerreichen österreichischen Mehlspeisen süsst er lieber mit dem einen oder anderen Honig, *«denn der Zucker zieht mir schon in Gedanken daran die Plomben aus den Zähnen»*. Dem Gast, der den hausgemachten Zwetschgen-Topfenstrudel seiner Frau Natalia nachzuckert, schenkt Gruber nur ein mitleidvolles Lächeln. Und als Honigverkäufer, der er ist, versucht er ihn davon zu überzeugen, das zweite Stück doch mit Akazien- oder mit Kastanienhonig zu kosten.

Honige hat Gruber eine Unzahl an Lager, viele Spezialitäten von Imkern aus aller Welt, vor allem aber eine stattliche Menge an eigenen Produkten. Nicht nur solche, die er in den unterschiedlichen Landschaften und Lagen der

Oststeiermark gewinnt. Wie etwa den Aulandschafts- oder den Gebirgswaldhonig, sondern auch sortenreine Honige wie jenen vom Bergahorn, von den Sonnenblumen oder den äusserst seltenen Honig vom Gewürzfenchel, den Grubers Bienen seit kurzem auf den Gemüseäckern eines Bekannten ernten. Zahlreich sind zudem die Honige, die er von seinen Honigreisen zu all den Imkern, die er auch für dieses Buch porträtiert hat, nach Hause bringt. Entsprechend präsentiert Gruber schon zum Frühstück die Beute seiner jüngsten Reise in die Südalpen: Er lässt den Besucher den Löffel in einen Silphienhonig tauchen und präsentiert ihm Kostproben vom Metcalfa- und vom Sorbushonig. Allerdings erst, nachdem er auch den allmorgendlich mit Routine gebackenen hauchdünnen Sterz quasi als Vorfrühstück mit einem Glas Buchweizenhonig aufgetragen hat. Der Tag beginnt mit dem Honig, über den sich Gast und Gastgeber einst kennengelernt haben. Der Buchweizen, Grundlage auch für den traditionellen steirischen Sterz, ist wahrscheinlich so wie die hier omnipräsenten Carnica-Bienen einst von Slowenien her in die Steiermark eingewandert. «Hoadn» nennen sie ihn hier oder als Gericht auch Heidensterz, wenn das Mehl der Buchweizenkörner verkocht oder geröstet wird. Seit der Zeit, als die Kreuzritter den Buchweizen aus dem Orient nach Südeuropa brachten, gilt er als Korn der Heiden. Trotz seinem Namen und seiner Herkunft ist der «Hoadn» in der Küchentradition dieser tiefkatholischen Landschaft fest verankert. Und den der Wanderimker vor allem deshalb so sehr mag, weil der Buchweizen den Bienen noch im August und September reichhaltige Tracht bietet, wenn die meisten anderen Pflanzen ihre Blüten schon längst abgeworfen haben.

Gruber wandert zwar gerne, auch mit seinem geräumigen Lieferwagen, von Standort zu Standort, doch er verreist ungern. Und wenn, dann nur, wenn er im Internet oder in einem Buch eine neue Honigsorte entdeckt, im Alpenraum oder seit einiger Zeit auch auf dem Balkan. Dann scheut er sogar die Distanzen nicht, selbst wenn er dafür in zwei oder drei Tagen tausend oder mehr Kilometer unter die Räder nehmen muss. Die Strasse ist ihm vertraut: In seinem früheren Leben hat er Hunderttausende an Kilometern zurückgelegt, um vor allem in grossen Teilen Deutschlands österreichische Bioweine an die Frau und den Mann zu bringen.

Dabei wollte er nach der Ausbildung zum Wein- und Obstfachmann der Landwirtschaft und ihren Erzeugnissen eigentlich den Rücken kehren. In Wien begann er Vorlesungen über Theaterwissenschaften und Publizistik zu besuchen, lernte Tschechisch und Spanisch, zog dann aber, nachdem die Stipendiengelder aufgebraucht waren, für zwei Jahre nach Frankreich. Nicht ganz zufällig fand er hier auf verschiedenen Weingütern Arbeit. Dem Wein und vor allem dem Weinhandel blieb er auch nach seiner Rückkehr nach Wien und seinem späteren Umzug in die Oststeiermark achtzehn Jahre lang treu.

Den Entscheid, sich wieder in seiner Geburtsregion niederzulassen, den Weinhandel sein zu lassen und sich der Imkerei zuzuwenden, fällte er mit seiner späteren Frau Natalia Szeier, die in Wien als Lehrerin arbeitete und ebenfalls aus der Oststeiermark stammt. Gemeinsam bauten sie auf dem Land, unweit der Ortschaft St. Magdalena am Lemberg, eine kleine Landwirtschaft auf, konstruierten nach ihren Wünschen ein energieoptimiertes Holz-

Bienenstand in einer oststeirischen Aulandschaft und Impressionen aus Johannes Grubers Honigwerkstatt.
Das Springkraut ist für manche ein gefürchteter Neophyt, für die Bienen aber eine ergiebige Futterquelle (Bild unten rechts).

häuschen, einen prächtigen Gemüsegarten inklusive Folientunnel für den Eigenbedarf und eine Honigwerkstatt mit Lager. Dies allerdings erst, nachdem sie nach langem und zermürbendem Kampf die Widerstände der Grazer Landwirtschaftsbürokratie überwunden hatten.

Dem Honig begann sich Johannes Gruber zuzuwenden, als er auf dem Bauernhof seines Vaters sah, dass der nicht verkaufte Honig in den Kübeln bereits einzusäuern begann. Die Erfahrungen als Weinverkäufer dürften dabei eine wichtige Rolle gespielt haben: Schnell fand der Jungimker Abnehmer; Absatzsorgen musste er sich bis heute nie machen. Dies auch, weil er sich spezialisierte. Indem er begann – wie bei den Weinen üblich –, sich auf das Terroir zu konzentrieren und die Honige an bestimmten Lagen zu gewinnen, an denen er seine Bienenvölker platzierte. In Anlehnung an die verkaufswirksam präsentierten Weine aus klar umschriebenen Rebparzellen, meist unterlegt mit viel historischem Lokalkolorit, begann er Honig aus der Aulandschaft der Lafnitz zu gewinnen oder solche aus den Wäldern des Hochwechselgebirges und der Fischbacher Alpen. Als wandernder Imker stellte er seine Bienenkästen saisongerecht entlang den Löwenzahnwiesen auf, oder in umittelbarer Nachbarschaft der Sonnenblumen- und der Buchweizenfelder eines befreundeten Biobauern im steirischen Joglland. Hier oben, auf Höhen um die 800 Meter über Meer, hat Johannes Gruber einige seiner Lieblingsstandorte gefunden. Nach und nach baute er so sein Angebot an Landschafts- und Sortenhonigen aus. Kirschblütenhonig kam dazu, Kastanien- und Robinienhonig (auch als Akazienhonig bekannt), später Honig des Bergahorns und als jüngster der einmalige Fenchelhonig.

Statt der hier üblichen Halbkilo- oder Kilogläser wählte Gruber für seine Honige Viertelkilogläser. Im Wissen, dass sich Honigliebhaber von seinen aussergewöhnlichen Honigen gerne auch mal drei oder vier Gläser von unterschiedlichen Sorten gönnen und zudem bereit sind, für den grösseren Aufwand und die Einzigartigkeit dieser Honige ein klein wenig tiefer in die Taschen zu greifen.

Die Suche nach aussergewöhnlichen Honigen hat ihn schon früh weit über die Grenzen seiner eigenen Bienenstandorte hinausgetrieben. 2017 bereits publizierte Johannes Gruber das Resultat seiner Recherchen und Honigreisen in seinem ersten Buch, «Die Reise des Wanderimkers», mit Portraits von österreichischen Imkern und ihren Honigen. Mit Raritäten wie den vor allem in den Parkanlagen von Wien gewonnenen Honigen des eingewanderten Götterbaums oder mit Rosskastanienhonig, der nur im Wiener Prater gewonnen werden kann, wo die Bäume dieses Seifenbaumgewächses schon im 19. Jahrhundert grossflächig als Alleebäume angepflanzt worden waren. Die Rosskastanie hat abgesehen von der Ähnlichkeit ihrer Früchte nichts mit der Edelkastanie zu tun. Ensprechend gross ist auch der geschmackliche Unterschied zwischen den vor allem im südalpinen Raum weiter verbreiteten Edelkastanienhonigen und jenem der Wiener Rosskastanien.

Gruber produzierte von Beginn weg ausschliesslich Biohonige. Dementsprechend sucht er seine Standorte auch mit Bedacht und erst nach längeren Recherchen aus, um seinen Bienen möglichst pestizidfreie Trachtflächen zu

Bienenstand auf einer Streuobstwiese in der Oststeiermark.

bieten. Auch wenn dies kaum zu hundert Prozent gelingt, so zeigen Proben und Analysen doch, dass in seinen Honigen kaum je Rückstände aus der konventionellen Landwirtschaft zu finden sind.

In der schwerfälligen und auf Maximalerträge fokussierten Landwirtschaftspolitik Österreichs eckt der politisch versierte und belesene Imker immer wieder an. Dass ihm von Seiten der Landwirtschaftsbehörden mit willkürlicher Verzögerungs- und Verschleppungstaktik in hartnäckigster Bürokratenmanier die Berufsimkerei beinahe madig gemacht wurde, hat er bis heute nicht ganz überwunden. Dabei erwarben er und seine Frau einst nur eine knappe Hektare Land, um hier zu leben, zu arbeiten und nebst dem Honig auch etwas Gemüse zu ziehen sowie Enten, Hühner und Gänse zu halten. Für Gruber der entscheidende Vorteil seiner Tätigkeit: *«Die Imkerei benötigt keinen Grundbesitz. Denn sie beschränkt sich auf die Abschöpfung der Zinsen, also des Überflusses, den die Natur uns schenkt. Ohne Eingriff in die Ressourcen und ohne Raub an der Substanz»*, antwortet er wohlüberlegt auf die Frage, weshalb er sich für diesen Beruf entschieden hat.

In den Imkern, die er über den Alpenraum besuchte, hat er nicht nur Verbündete gefunden, sondern vor allem im südalpinen Raum auch zahlreiche Vorreiter und Vorbilder, die sich längst mit Landschafts-, Lagen- und Sortenhonigen beschäftigen. Imker, die sich teilweise auch von den konservativen nationalen Imkervereinen gelöst haben und ihre eigenen Wege gehen. Solche, die ihre Honige nach eigenem Gutdünken abfüllen und vermarkten, die längst die Wege der teilweise noch heute mit nationalem Einheitsmarketing angepriesenen Standardhonige verlassen haben. Imker, die erkannt haben, welche Vorreiterrolle Honige für die Wahrnehmung der regionalen Unterschiede der Flora und damit der regionalen Landschaften übernehmen können. So wie die Weine sollten Honige nicht nur als Bundesland-, Kantons- oder Provinzhonige wahrgenommen werden. Sondern als Nektar, der dem entspricht, was man in einer Landschaft riechen, fühlen und schliesslich auch schmecken kann. Oder wie es Johannes definiert: *«Honig ist das Spiegelbild der Landschaft, aus der er stammt, denn er ist die Natur in ihrer reinsten Form.»*

Goldruten haben in der Steiermark viele Auwälder erobert.

Lexikon der alpinen Sortenhonige

Der Begriff «Sortenhonig» bezeichnet monoflorale Honige, die in sehr typischen Sorten in den Regionen des Alpenraums zu finden sind. Knapp die Hälfte der insgesamt 100 europäischen Sortenhonige haben hier eine Heimat, einige sogar ausschliesslich. Mit dem Begriff «Sortenhonig» sind Honige gemeint, deren botanische Quelle zum Grossteil aus einer einzigen Pflanze besteht; zu den bekanntesten unter ihnen gehören etwa der Edelkastanien- oder der Akazienhonig. Die sensorische Beschreibung in diesem Honiglexikon orientiert sich an möglichst reinsortigen Honigen. Da die Naturkristallisation einen wichtigen Bestandteil des Charakters eines Honigs ausmacht, wird diesem Umstand in der Abbildung der einzelnen Sorten besonders Rechnung getragen. Im Unterschied zu dieser naturkristallinen Form findet man in den Regalen des Einzelhandels viele Honigsorten mit verflüssigter oder feincremiger Konsistenz.

Bis heute noch grösstenteils unbekannte Sorten wie der Bastardindigo- oder der Silphienhonig sind erst seit kurzer Zeit verfügbar, andere wie etwa der Metcalfahonig verschwinden wieder aus den Honigregalen. Ein Grund dafür ist die Klimaveränderung, ein anderer die anhaltenden Eingriffe des Menschen in die Natur, indem er neue Pflanzen gezielt oder ohne Absicht über den gesamten Erdball verfrachtet. In ihrer neuen Umgebung finden einige dieser neuen Pflanzen – auch Neophyten genannt – günstige Rahmenbedingungen vor und werden rasch heimisch. Viele von ihnen stellen heute wichtige Nahrungsquellen für Bienen und andere Bestäubungsinsekten dar, beispielsweise die sich zusehends verbreitende kanadische Goldrute oder der aus China stammende Götterbaum. Andere hingegen werden verdrängt und verschwinden. Die Sortenhonige einer Region sind somit nicht viel mehr als eine Momentaufnahme, ein Schnappschuss im Laufe der Evolution.

Farbenspektrum der 48 alpinen Sortenhonige.

Eucalyptushonig,
Metcalfahonig,
Lavendelhonig,
Strandfliederhonig,
Silphienhonig
Esparsettenhonig,
Heidekrauthonig,
Alpenrosenhonig,
Luzernenhonig,
Feldthymianhonig,
Schneeheidehonig,
Brombeerhonig,
Erdbeerbaumhonig,
Himbeerhonig,
Kirschhonig,
Rapshonig,
Bohnenkrauthonig,
Baumheidehonig,
Phaceliahonig,
Löwenzahnhonig,
Goldrutenhonig
Akazienhonig,
Efeuhonig,
Fenchelhonig,
Fichtenhonig,
Thymianhonig,
Johannisbrotbaumhonig,
Faulbaumhonig,
Zitrushonig,
Kleehonig
Minzehonig,
Ahornhonig,
Bastardindigohonig,
Edelkastanienhonig,
Apfelhonig,
Steinweichselhonig,
Perückenstrauchhonig,
Roßkastanienhonig,
Rosmarinhonig,
Lindenhonig,
Buchweizenhonig,
Christusdornhonig
Eichenhonig,
Bärlauchhonig;
Götterbaumhonig,
Sonnenblumenhonig,
Ebereschenhonig,
Tannenhonig,

Akazienhonig

ital. Miele di Acacia
franz. Miel d'Acacia
slow. Akacijev med

Vorkommen des Honigs im Alpenraum: Süd- und Ostalpenrand, in Hügelzonen, sehr häufig

Der Honig

Eine Besonderheit dieses stets flüssigen Honigs ist seine Farbe, die sich bei einem reinsortigen Produkt mit einem kristallklaren und transparenten Hellgelb zeigt und im Extremfall gar fast wasserfarben und mit einem leichten Grünstich daherkommt. Der Geruch ist fein, sehr angenehm und nicht sehr intensiv: mit einem zarten Duft nach Blumen, Mandeln in Zuckerglasur und Vanilleschoten. Der Geschmack ist zart, süss und anregend und entspricht dem Geruch. Am Gaumen ist er seidig weich. Im Abgang bietet er eine zarte Note von Muskatnuss, Vanille und Zimt, von dem bleibt allerdings kaum ein Nachgeschmack. Aufgrund seines zarten Aromas sind bei diesem Honig Geschmacksfehler leicht erkennbar, beispielsweise säuerliche Fehltöne, die bei Verwendung von zu altem Bienenwachs auftreten. Völlig neues Bienenwachs hingegen verleiht dem Honig einen zarten Wachsgeschmack. Gelegentlich enthält Akazienhonig auch Reste von Raps- oder Löwenzahnnektar, da beide Pflanzen kurz zuvor blühen. Die Honige verlieren dann ihre klare Farbe und werden ziemlich trübe. Akazienhonig weist von allen Honigen den höchsten Anteil an Fructose auf und neigt dadurch auch nicht zur Kristallisation. Fructose kann langsam in das menschliche Blut aufgenommen werden. Dies ist auch der Grund, warum dieser Honig bei Leistungssportlern als legales «Energiedoping» beliebt ist.

Die Pflanze

Die Robinie, volkstümlich auch Akazie genannt, lat. *Robinia pseudoacacia,* zählt zur Familie der Hülsenfrüchtler, der *Fabaceae.* Akazienbäume in Vollblüte sind als riesige, weisse Blütenbälle von weitem gut erkennbar. In ihrer Nähe betören sie durch einen intensiven Blütenduft: den mythischen Duft nach Ambrosia. Die Robinie war in Urzeiten bereits auf dem europäischen Kontinent verbreitet, verschwand aber im Laufe der letzten Eiszeit. Die heutige Robinie stammt aus dem östlichen Nordamerika und wurde 1630 vom Versailler Hofgärtner Jean Robin nach Paris gebracht. Nach ihm wurde die neue Zierpflanze benannt. Von den insgesamt zehn in Amerika heimischen Robinienarten hat sich allerdings nur eine einzige bei uns einbürgern können, der wir heute auch den alpinen Akazienhonig verdanken: die *Robinia pseudoacacia.* Sie wurde ursprünglich zur Zierde in Gärten gepflanzt, später aber auch als Alleebaum an Landstrassen und dann zusehends zur Befestigung des Terrains an Fluss- und Bahndämmen verwendet, bevor sie sich schliesslich von selbst weiterverbreitete. Sie gilt als Pionierpflanze, die nach Sturm, Brand sowie Erdrutschen den Wald rasch regeneriert und später von anderen, stärker beschattenden Laubbaumarten abgelöst wird. In ihrer Heimat Nordamerika beträgt der Robinienanteil in naturbelassenen Wäldern maximal vier Prozent. Im Alpenraum ist die Robinie vor allem in den Südtälern verbreitet. Sie gedeiht gut an trockenen Standorten und ist unempfindlich gegen Hitze und Luftverschmutzung, weshalb sie auch ein beliebter Stadtbaum ist. Auf den Trümmerfeldern des Zweiten Weltkriegs fand eine massenhafte Verbreitung der Pflanze in Stadtgebieten statt. Die Robinie ist ein etwa 20 Meter hoher Baum mit weitreichenden Seitenwurzeln, die leicht Ausläufer bilden können. Als Schmetterlingsblütler verfügt sie über Wurzeln, die in Symbiose mit Knöllchenbakterien leben, die den Boden mit Stickstoff anreichern. Die Nebenblätter haben sich zu Dornen entwickelt. Die Blüte zeichnet sich durch einen komplizierten Bestäubungsmechanismus aus: Der Griffel der Robinienblüte hat unterhalb der Narbe eine allseitige, bürstenartige Behaarung, die den eigenen Pollen von der Narbe fernhält. Landet das Insekt auf der Blüte, klappt das Schiffchen mit den Flügeln herunter, der Griffel tritt hervor und berührt zuerst mit der Narbe und anschliessend mit der mit eigenem Pollen gefüllten Bürste den Körper des Bestäubers. Der Nektar wird auf der ganzen Fläche des Blütenbodens abgesondert und ist für die Insekten leicht zugänglich. Robinienblüten sondern grosse Mengen an Blütennektar ab. Der Honigwert eines Akazienbaums wird auf 500 Gramm pro Baum geschätzt. Als Pollenspender ist die Robinie jedoch von geringer Bedeutung. Der Pollen wird von den Bienen in kleinen hellgrauen Höschen gesammelt und besitzt einen geringen Eiweissgehalt. Die Blühperiode beginnt meist Ende April und dauert etwa zwei Wochen. Bei hohen Temperaturen kann sie auch kürzer sein. Bienenwirtschaftlich ist die Robinie im Süd- und Südostalpenraum von grosser Bedeutung.

Ahornhonig

ital. Miele di Acero

Vorkommen des Honigs im Alpenraum:
Steiermark, Friaul und Piemont, in Bergzonen, selten

Der Honig

Ahornhonig ist meist Teil von Waldhonigen aus höheren Lagen, in denen die Pflanze grössere Bestände bildet. In Jahren mit ausbleibender Waldtracht kann der Ahornanteil hoch sein. Reinsortig sind Ahornhonige jedoch sehr selten zu finden. Sie sind hellgelb, mild in Geschmack und Aroma und kristallisieren feinkörnig zu einer weichen Paste. Beim Bergahorn kann es während der Blüte auch zu einer Besiedelung mit Blattläusen kommen. In diesem Fall sammeln die Bienen auch Honigtau von den Läusen. Nicht zu verwechseln ist Ahornhonig mit Ahornsirup. Bei letzterem wird der Siebröhrensaft von Ahornbäumen vom Menschen entnommen und zu Sirup eingedickt.

Die Pflanze

Der Ahorn, lat. *Acer spp.*, zählt zur Familie der Seifenbaumgewächse, *Sapindaceae*. Ahorn ist eine sehr alte Gattung, deren Vorkommen mit verschiedenen Arten bereits im Alttertiär, also vor etwa 240 Millionen Jahren, in Europa und Amerika nachweisbar ist. Einige der 115 Ahornarten, vor allem Zuckerahorn, lat. *Acer saccharum,* führen Milchsaft, der sich durch einen mehr als fünfprozentigen Zuckergehalt auszeichnet und zur Produktion von Ahornsirup genutzt wird. Zahlreiche exotische Ahornarten werden bei uns als Zierpflanzen kultiviert. Die grösste Bedeutung für die Bienen im Alpenraum hat der Bergahorn, lat. *Acer pseudoplatanus,* der an seiner abschuppenden, hellen Borke leicht zu erkennen ist. Das Laub nimmt bereits im Spätsommer eine helle Farbe an. Die Bäume werden an günstigen Standorten bis zu dreissig Meter hoch und können ein Alter von 600 Jahren erreichen. Ab dem dreissigsten Jahr setzen die Bäume Blüten an. Hauptverbreitungsgebiet sind kühle und feuchte Mittelgebirgslagen im gesamten Alpenraum. Die Höhengrenze liegt in den Nordalpen bei 1700 Metern. Bergahorn kommt auch im Tiefland in feuchten Gräben vor und bildet gemeinsam mit Esche und Bergulme die sogenannten Schluchtenwälder. Die langen Wurzeln wirken bodenfestigend und verhindern die Erosion. Die Blüten erscheinen kurz nach den Blättern Ende April bis Mitte Mai. Der Blütennektar sammelt sich in grossen Tropfen am Nektarium und ist allen Insekten zugänglich. Bienenwirtschaftlich von untergeordneter Bedeutung sind weitere Ahornarten wie der schnell wachsende und häufig als Alleebaum kultivierte Spitzahorn, lat. *Acer platanoides,* sowie der Feldahorn, lat. *Acer campestre,* dessen Vorkommen sich auf Ebenen und Hügellandschaften beschränkt. Die Pollenproduktion des Bergahorns ist schwach. Der Pollen wird von den Bienen in grünlichen Höschen gesammelt. Mit etwa fünf Prozent Stickstoffgehalt haben Ahornpollen einen mittleren Nährwert für die Bienen.

Alpenrosenhonig

ital. Miele di Rododendro
franz. Miel de Rhododendron

Vorkommen des Honigs im Alpenraum:
Gesamter Alpenraum, Hochgebirge,
selten

Der Honig

Alpenrosenhonige sind rar. Die Produktionszonen beschränken sich auf wenige Gebiete im alpinen Bereich, die zwischen Wald- und Baumgrenze liegt. Obwohl in günstigen Jahren durchaus interessante Honigerträge von bis zu dreissig Kilogramm je Bienenvolk erzielt werden, ist eine Wanderung mit Bienen in dieser Höhenlage aufgrund der meteorologischen Voraussetzungen sehr riskant. Alpenrosenhonig ist in flüssigem Zustand strohgelb und wird hellbeige, sobald er kristallisiert. Die Kristalle sind fein und kompakt. Der schwache, kaum wahrnehmbare Geruch nach Wassermelone und feuchtem Moos lässt sich nur schwer zuordnen. Am Gaumen ist er sehr angenehm, floral, sehr elegant und verfügt über eine ausgeprägte Süsse mit einem kurzen Abgang. Honig von der Alpenrose enthält nur wenig Pollen und ist reich an Enzymen.

Die Pflanze

Die Alpenrose, lat. *Rhododendron spp.*, gehört zur Familie der Heidekrautgewächse, *Ericaceae*. Die Pflanzenfamilie ist weltweit verbreitet und umfasst etwa 500 Arten von kleinen Sträuchern bis zu Bäumen von mehreren Metern Höhe. Die Alpenrose ist ein immergrüner Strauch mit rosa- bis purpurroten Blüten und stammt ursprünglich aus Tibet und China. Ihr Vorkommen beschränkt sich auf die waldfreie Zone des gesamten Alpenbogens ab 1500 Metern und reicht bis in Höhen von etwa 2400 Metern. Die Pflanze besiedelt häufig Geröll- und Schutthalden und bereitet durch Humusbildung den Boden für eine geschlossene Vegetationsdecke vor. Zwei Arten sind für die hochalpine Honiggewinnung relevant: die in den Westalpen verbreitete Rostblättrige Alpenrose, lat. *Rhododendron ferrugineum,* sowie die östlich der Schweizer Alpen beheimatete Behaarte Alpenrose, lat. *Rhododendron hirsutum,* im Volksmund auch Almrausch genannt, die auf Kalkböden vorkommt. Der Blühzeitraum umfasst die Monate Juni und Juli. Die Blüten haben Drüsen, die ein ätherisches Öl absondern. Die Pflanze ist an sich nicht winterhart, überdauert strenge Winter jedoch gut unter einer Schneedecke. Die Alpenrose gilt im alpinen Bereich als eine der wichtigen Nahrungsquellen für Insekten.

Apfelhonig

ital. Miele di Melo

Vorkommen des Honigs im Alpenraum:
Trentino und Piemont, in Ebenen und Hügelzonen,
selten

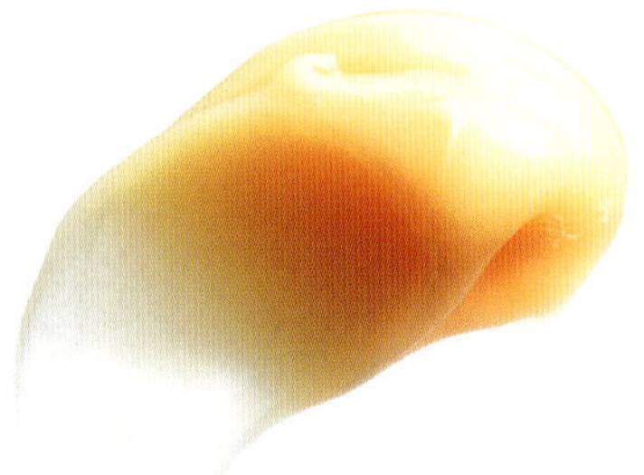

Der Honig

Blütennektar von Apfel ist in allen Obstbauzonen des Alpenraums häufig Teil von Frühlingsblütenhonigen. Reinsortige Honige sind selten, da zur Blütezeit des Apfels meist auch andere Nektarquellen wie Löwenzahn, Weide und Raps in Vollblüte stehen. In einigen Regionen, in denen auf grossen Flächen Tafeläpfel produziert werden, wie etwa im Nonstal im Trentino, findet man auch reinsortige Apfelhonige. Solange der Honig flüssig ist, zeigt er sich hellgelb, sobald er kristallisiert, haselnussbraun mit einem Grünschimmer. Apfelhonig kristallisiert feinkörnig und weich. Der Geruch ist zart und mild und erinnert an Bratäpfel. Am Gaumen ist der Honig angenehm mit pflanzlichen Aromen von gekochten Artischocken.

Die Pflanze

Der Apfel, lat. *Malus domestica,* zählt zur Familie der Rosengewächse, *Rosaceae.* Der heutige Kulturapfel hat seinen Ursprung in der Unterart *Malus sylvestris,* dem Wildapfel, der in Osteuropa und Westasien heimisch ist. Seine heute geschätzten Eigenschaften hat *Malus domestica* erst nach zahlreichen Kreuzungen mit anderen Arten erhalten. Kernobstarten wie Apfel, Birne oder Quitte weisen eine Besonderheit auf, um Selbstbestäubung zu vermeiden: Sie sind protogyn. Das heisst, ihre Narbe reift vor dem Staubbeutel. Die Unterscheidung von Apfel- und Birnenblüten ist einfach, da die auffälligen Staubbeutel der Birne meist rot, beim Apfel jedoch gelb sind. Die Blütezeit fällt auf die Monate April und Mai. Die kultivierten Apfelbäume und ihre wildwachsenden Verwandten sind wichtige Pollen- und Nektarspender für die Bienen. Im Apfelnektar ist die Zuckerart Saccharose vorherrschend. Der Pollen des Apfels ist je nach Sorte hell- bis dunkelgelb und weist einen Stickstoffgehalt von 4,5 bis 4,9 Prozent auf. In Fütterungsversuchen erwies er sich als wertvoll für die Bienen. Apfelbäume leisten einen wichtigen Beitrag zur Pollenversorgung der Bienenvölker im Frühjahr. In vielen Gebieten mit intensivem Obstbau werden aufgrund des Mangels an Wildinsekten Bienenvölker zur Bestäubung aufgestellt. Aufgrund von Pflanzenschutzmassnahmen ist die Gefahr der Kontamination des Honigs mit Pestizidrückständen allerdings gross.

Bastardindigohonig

ital. Miele di Indaco bastardo
(Miele di Amorpha fruticosa)

Vorkommen des Honigs im Alpenraum:
Friaul, vor allem entlang den Flüssen Tagliamento, Isonzo und Torre,
selten

Der Honig

Da sich die massenhafte Verbreitung der Pflanze auf kleine Gebiete beschränkt, ist der Honig rar. Der Bastardindigohonig ist in flüssigem Zustand hell-bernsteinfarben. Die feincremige Kristallisation erfolgt erst einige Monate nach der Ernte. Der Geruch ist fruchtig und von mittlerer Intensität. Am Gaumen ist der Honig delikat und leicht säuerlich mit Aromen von Zitrusfrüchten. Er ist sehr pollenreich. Sofern im Flugradius der Bienen auch Akazien anzutreffen sind, findet man im Honig von Bastardindigo auch häufig Anteile von Akaziennektar, da diese Pflanze kurz davor blüht. Der Honig des Bastardindigos ist erst seit den späten 80er Jahren des letzten Jahrhunderts unter dieser Bezeichnung auf dem Markt zu finden. Sein «Entdecker» ist ein Imker aus dem Friaul: Aufgrund schlechter Wetteraussichten im Frühsommer des Jahres 1989 entschied sich der Imker Luciano Zucco aus Buttrio, einer Gemeinde südöstlich von Udine, für einmal nicht mit seinen Bienen zur Akazienblüte in die Berge zu wandern. Die zwölf Völker blieben in der Nähe seines Hauses. Der aufmerksame Imker bemerkte, dass seine Bienen in den darauffolgenden Tagen direkt zum etwa 500 Meter entfernten Fluss Torrente flogen und mit grossen Nektarmengen und orangefarbenem Pollen zurückkehrten. Als er dort nachschaute, fand er viele seiner Insekten auf den Blüten einer ihm unbekannten Pflanze mit lila Blüten. Zucco kontaktierte einen Bienenexperten und Botaniker, den er von einem Imkerkurs her kannte. Dieser konnte ihm am Telefon spontan den Namen der neuen Bienentrachtpflanze nennen. Da der neue Honig hervorragend schmeckte, sandte Zucco eine Probe zur nationalen Honigverkostung «Tre Gocce d'oro». Eine im Zusammenhang mit dem Wettbewerb vorgeschriebene Pollenanalyse an der Universität von Bologna brachte eine Überraschung: Die neue friulanische Honigsorte Amorpha fruticosa war entstanden.

Die Pflanze

Der Bastardindigo, lat. *Amorpha fruticosa,* zählt zur Familie der Hülsenfrüchtler, *Fabaceae.* Bei der Pflanze handelt es sich um einen Strauch, der eine Höhe von bis zu drei Metern erreichen kann. Er stammt ursprünglich aus Nordamerika und wurde Anfang des 18. Jahrhunderts als Zierpflanze eingeführt. In einigen Regionen der Südalpen hat er sich entlang von Flüssen stark verbreitet. Die Pflanze bevorzugt gut durchlässige, steinige Böden an sonnigen und geschützten Standorten und kommt auch an extrem trockenen und sandigen Stellen vor. Aufgrund der Trockenheitsresistenz und der starken Durchwurzelung des Bodens wurde der Bastardindigo häufig zur Sicherung von erosionsgefährdeten Böden gepflanzt. Günstige Lebensräume findet die Pflanze auch in Fluss- und Bachauen tieferer Lagen, in Kiesgruben und in Stadtgebieten. Wie viele andere Hülsenfrüchtler ist auch der Bastardindigo in der Lage, mit Hilfe von Knöllchenbakterien Stickstoff zu fixieren. Der Blütezeitraum der Pflanze in der Ebene des Friauls erstreckt sich von Ende Mai bis August. Die kleinen blauvioletten Blüten stehen in etwa zehn Zentimeter langen Trauben nach oben. Die Nektarabsonderung der Blüte ist sehr ergiebig. Die Pflanze wird von der Honigbiene sowie von zahlreichen anderen Bestäubungsinsekten besucht. Die deutsche Bezeichnung der Pflanze ist eine Lehnübersetzung aus dem englischen *false indigo* und verweist darauf, dass die ersten europäischen Siedler in Amerika die Blätter der Pflanze zum Färben verwendet haben. Echter Indigo war für sie nicht verfügbar.

Baumheidehonig

franz. Miel de Bruyère blanche
ital. Miele di Erica arborea

Vorkommen des Honigs im Alpenraum:
Provence und Ligurien, in küstennahen Hügelzonen sowie Lombardei (Veltlin und Valchiavenna), sehr selten

Der Honig

Der Sortenhonig der Baumheide ist rar und hat eine ausgeprägte Typizität. Er kristallisiert rasch und feinkörnig, seine Farbe ist beige. In der Nase ist der Honig am markanten Duft nach Lakritze und Leder leicht erkennbar. Am Gaumen machen sich komplexe Aromen von Caramel, Kakao und verbranntem Holz breit. Seine Süsse ist schwach ausgeprägt und wird von einer lebhaften, frischen Säure überlagert. Der Honig verschwindet nur langsam vom Gaumen, begleitet von Bittertönen und einer leichter Adstringenz. Selbst wenn er nicht reinsortig und mit den Erträgen anderer Trachtpflanzen vermischt ist, dominiert der Charakter der Baumheide.

Die Pflanze

Die Baumheide, auch Frühjahrsheide genannt, lat. *Erica arborea,* zählt zur Familie der Heidekrautgewächse, *Ericaceae.* Die Blüte an der Küste des Mittelmeers beginnt bereits im zeitigen Frühjahr ab Ende März. Die Blätter sind nadelförmig, die weissen Blüten klein und wohlriechend. Die Baumheide kann eine Höhe von drei bis vier Meter erreichen und ist Teil der mediterranen Macchienvegetation. Die Pflanze ist für die Frühjahrsentwicklung der Bienen von grosser Bedeutung. Nur in Jahren, in denen die Bienen wesentlich mehr produzieren, als sie selbst benötigen, kann der Honig vom Imker geerntet werden.

Bärlauchhonig

Vorkommen des Honigs im Alpenraum:
Niederösterreich und Wien (Donauauen),
selten

Der Honig

Bärlauchhonig wird nur sehr selten als solcher verkauft, da er meist grössere Anteile von andere frühblühenden Nektarquellen, vor allem von Weide und Raps enthält. Der Farbton von flüssigen Honigen ist hellgelb. Sobald der Honig kristallisiert, ist er beige bis strohfarben. Seine Kristalle sind fein und schmelzen rasch auf der Zunge. Erkennbar ist diese Honigrarität am intensiven Knoblauchgeruch. Am Gaumen ist Bärlauchhonig sehr süss und zeigt florale Kräuternoten. Dem Honig wird eine heilende Wirkung auf Verdauung und Darmflora zugeschrieben.

Die Pflanze

Der Bärlauch, lat. *Allium ursinum*, zählt zur Familie der Liliengewächse, *Liliaceae*. Er ist verwandt mit Knoblauch, Schnittlauch und Zwiebel. Die Pflanzenfamilie ist weltweit verbreitet, die grösste Bedeutung haben Laucharten jedoch im gemässigten Klima der nördlichen Halbkugel. Zur Familie zählen alte Kulturpflanzen sowie Wild- und Zierpflanzen. Die frischen Bärlauchblätter (und auch die späteren Blüten) sind wegen ihrer frühen Verfügbarkeit im April in der Wildkräuterküche weit verbreitet. Der starke Knoblauchgeruch ist auf den Gehalt an ätherischen Ölen und Disulfid zurückzuführen. Die Blütezeit des Bärlauchs ist im Mai. Honigrelevante Vorkommen gibt es in fast allen Auenwäldern. Auch im Wienerwald ist Bärlauch häufig an schattigen, feuchten und humusreichen Standorten und unter Bäumen und Sträuchern zu finden. Bärlauch ist ein Nährstoffanzeiger und benötigt tiefgründige, humose, lockere und immerfeuchte Böden. Er bevorzugt die Waldgemeinschaft mit den Buchen und kann im zeitigen Frühjahr den gesamten Waldboden bedecken. Die breiten, stark nach Lauch riechenden Blätter ähneln jenen von Maiglöckchen und Herbstzeitlosen, die jedoch giftig sind. Bärlauch ist auch als Pollenproduzent für die Bienen von Bedeutung.

Bohnenkrauthonig

ital. Miele di Santoreggia
franz. Miel de Sarriette
slow. Zepek med

Vorkommen des Honigs im Alpenraum:
Friaul, Slowenien und Provence, in karstigen Hügelzonen,
selten

Der Honig

Reinsortige Bohnenkrauthonige sind in Mitteleuropa selten. Meist sind sie Bestandteil von europäischen Berghonigen aus dem Mittelmeerraum. Bekannt sind Bohnenkrauthonige aus dem Karst sowie unter der Bezeichnung *Miel de Sarriette* aus der Provence. Der Honig zeigt sich hellgelb mit grüner Farbtönung, solange er flüssig ist. Die Kristallisation erfolgt rasch, feinkörnig und in weicher Konsistenz. Kristallisierter Bohnenkrauthonig ist graugrün. Der Geruch ist von mittlerer Intensität und erinnert an getrocknete Kräuter. Am Gaumen spürt man eine mittlere Süsse sowie einen intensiven und anhaltenden Bitterton mit Noten von Kaffee und getrockneten Kräutern. Bohnenkrauthonige sind reich an Enzymen.

Die Pflanze

Das Bohnenkraut, lat. *Satureja spp.*, gehört wie Thymian und Oregano zur Familie der Lippenblütler, *Labiatae*. Lippenblütler zählen zu den zehn grössten Pflanzenfamilien weltweit. Sie umfassen etwa 3200 Arten und haben im Mittelmeerraum ihre grösste Verbreitung. Der Name der Pflanze bezieht sich auf die Verwendung als Küchengewürz, insbesondere für Bohnengerichte. Alle Lippenblütler sind ausgiebige Nektarspender für Bienen und andere Insekten. Die meisten der insgesamt 130 Bohnenkrautarten sind im östlichen Teil des Mittelmeers beheimatet. Die Blüten werden sehr gerne von Hummeln und Honigbienen besucht. Der aromatische Inhaltsstoff Carvanol ist insbesondere für die beiden kultivierten Arten, das Einjährige Bohnenkraut (lat. *Satureja hortensis)* sowie das Bergbohnenkraut (lat. *Satureja montana)*, kennzeichnend und wird aus zahlreichen grossen Drüsen abgeschieden. Das Bergbohnenkraut ist in trockenen Zonen der Süd-

Drüsiges Springkraut.

alpen bis in etwa 1500 Meter Seehöhe zu finden. Die Blüte erstreckt sich von Juli bis September. Die Pollenausbeute ist bescheiden.

Brombeerhonig

ital. Miele di Rovo
franz. Miel de Ronces

Vorkommen des Honigs im Alpenraum:
Provence und Piemont, in Hügel- und Bergzonen, selten

Der Honig
Brombeernektar ist an vielen Frühjahr- und Sommerhonigen beteiligt. Reinsortige Honige mit Brombeere als Leitpollen sind selten und kommen vor allem in den trockenen Waldgebieten der Niederungen und Hügelzonen der Südalpen vor. Der Honig ist in flüssigem Zustand hellgelb; sobald er kristallisiert, wird er weissgrau. Ist ein Miteintrag von Honigtau vorhanden, sind die Honige bernsteinfarben und wesentlich dunkler. Geruch und Geschmack sind von mittlerer Intensität und erinnern an getrocknete Früchte und Konfekt.

Die Pflanze
Die Brombeere, lat. *Rubus fruticosus*, zählt wie die Himbeere zur Familie der Rosengewächse, *Rosaceae.* Die Gliederung von Hunderten Arten von Rubus, die auf der Erde vorkommen, bereitet Botanikern grosse Schwierigkeiten. Die Probleme der Zuordnung werden durch die Verkreuzung der Arten untereinander noch verstärkt. Die Brombeere ist in Europa heimisch; ihre Kultivierung begann Mitte des 19. Jahrhunderts. In der Folge sind viele Sorten gezüchtet worden, die vor allem frostresistent und gut haltbar sind. Rubusarten wie die Brombeere zählen zu den begehrtesten und ausgiebigsten Futterquellen der Bienen. Durch die weite Verbreitung der Wildform ist die Brombeere im gesamten Alpenraum von grosser bienenwirtschaftlicher Bedeutung. Die Blüte reicht von Mai bis Juli. Der Honigwert von reinen Brombeerbeständen wird auf 5 bis 26 Kilogramm pro Hektar geschätzt. Das Zuckerbild des Blütennektars weist annähernd gleich grosse Anteile für Fructose, Glucose und Saccharose auf. Die Blüten sind sehr pollenreich, und die Absonderung erfolgt ganztägig. Der graufarbene Pollen verfügt über vergleichsweise hohe 4,6 Prozent Stickstoff.

Buchweizenhonig

ital. Miele di Grano Saraceno
franz. Miel de Sarrasin
slow. Ajda med

Vorkommen des Honigs im Alpenraum:
Ostalpenrand, in Feldkulturen, selten

Der Honig
Reinsortiger Buchweizenhonig ist rar. Von grösserer Bedeutung ist er in einigen Ländern Ost- und Südosteuropas, insbesondere in der Ukraine, in Polen und in Slowenien. Die Farbe des Honigs ist dunkelbernstein. Er kristallisiert mittelmässig stark und wird daher oft cremig gerührt. Der Geruch ist sehr charakteristisch und leicht zu erkennen: äusserst kräftig und rustikal, erinnert er an Leder und gewisse Konsumenten auch an einen Schweinestall. Am Gaumen herrscht ein Eindruck von Frische durch Mentholaromen und ein angenehmes Verhältnis von Zucker und Säure vor. Der sehr lange Abgang dieses Honigs ist geprägt von animalischen Aromen.

Die Pflanze
Der Buchweizen, lat. *Fagopyrum esculentum,* zählt wie der Rhabarber zur Familie der Knöterichgewächse, *Polygonaceae.* Mehrere Gattungen der Knöterichgewächse sind als Nektar- und Pollenlieferanten von Bedeutung – so wie beispielsweise der Wiesen- oder Schlangenknöterich *(Polygonium bistorta)*, der invasive und von den Imkern früher eifrig mitverbreitete japanische Staudenknöterich *(Fallopia japonica)* und eben auch der Buchweizen. Manche liefern den Bienen auch nur Pollen wie beispielsweise der Ampfer. Die deutsche Bezeichnung «Buchweizen» bezieht sich auf das Aussehen und die Verwendung der Frucht: Die dreikantige Form ähnelt den Bucheckern.

Die Körner verwendet man zur Herstellung von Mehl. Der Buchweizen kam im Mittelalter von Mittelasien nach Europa und ergänzte als Pseudocerealie das Getreideangebot. Der Einsatz von Kunstdünger machte den Anbau von anspruchsvolleren Feldfrüchten auch auf schlechten Böden möglich und verdrängte so den anspruchslosen Buchweizen wieder von den Feldern. Noch heute wird Buchweizen vor allem in Slowenien angebaut, wo er seit langer Zeit auch Zutat in vielen traditionellen Speisen ist. Die auffällig weiss- oder rosablühenden Felder haben, sofern auf eine Honigernte verzichtet wird, auch grosse Bedeutung für die Selbstversorgung der Bienen für die Ruhezeit im Winter und waren daher immer schon beliebtes Ziel von Wanderimkern. Ausserdem erfreut sich Buchweizen als Gründüngungspflanze auf abgeernteten Getreidefeldern zunehmender Verbreitung. Buchweizen ist anspruchslos und gedeiht auch auf nährstoffarmen Böden. Die Pflanze ist einjährig und hat eine spindelförmige Wurzel. Die Blüten öffnen sich frühmorgens und schliessen sich gegen drei Uhr nachmittags. Jede Blüte öffnet sich jeweils nur einen Tag, die Nektarabsonderung dauert ein bis vier Stunden. Da jedoch bis zu 1800 Blüten auf einer Pflanze sind, ist Buchweizen dennoch eine gute Nektarquelle. Allerdings bestehen grosse Unterschiede zwischen den einzelnen Kultursorten. Die gesamte Zuckerabsonderung wird auf bis zu 490 Kilogramm pro Hektare geschätzt. Buchweizen ist auch ein bedeutender Pollenspender für die Bienen.

Christusdornhonig

ital. Miele di Marruca
slow. Trnov med

Vorkommen des Honigs im Alpenraum:
Friaul und Slowenien, in karstigen Hügelzonen, sehr selten

Der Honig

Christusdornhonig ist rötlich-bernsteinfarben. Er bleibt lange flüssig und kristallisiert nur langsam zu einer weichen Paste. Der Geruch ist floral und von mittlerer Intensität mit Noten von Wildkarotte und Koriander, am Gaumen liefert er Aromen von Caramel.

Die Pflanze

Der Christusdorn, lat. *Paliurus spina-christi,* zählt wie der Faulbaum zur Familie der Kreuzdorngewächse, *Rhamnaceae.* Der bis zu sechs Meter hohe Strauch ist typisch für die mediterrane Spontankultur und in Südeuropa weit verbreitet. Die eiförmigen Blätter färben sich im Sommer gelblich. Die Nebenblätter sind in spitze Dornen umgewandelt. Die kleinen gelben Blüten zeigen die typischen Merkmale der Kreuzdorngwächse und dienen zahlreichen Insekten als Nahrungsquelle. Die Blütezeit ist von Juni bis August und die braunen, holzigen Früchte reifen von Oktober bis Dezember. Die Pflanze bevorzugt lehmige Standorte und wächst nur auf freien oder leicht beschatteten Stellen. Sie ist gut hitze- und frostverträglich und kann nach oberirdischer Beschädigung aus dem Wurzelstock wieder nachtreiben. In Nordamerika wird der Christusdorn häufig als Heckenpflanze genutzt.

Edelkastanienhonig

ital. Miele di Castagno
franz. Miel de Châtaignier
slow. Kostanjev med

Vorkommen des Honigs im Alpenraum:
Süd- und Ostalpen, in Hügel- und Bergzonen, sehr häufig

Der Honig

Wie beim Lindenhonig sind die Quellen des Edelkastanienhonigs sowohl der Blütennektar als auch der Honigtau der Pflanze. Edelkastanienhonig hat einen karneolroten Farbton. Aufgrund des hohen Gehalts an Fructose bleibt er lange flüssig, er kristallisiert nur langsam und wird dann grobkörnig. Je dunkler der Honig ist, desto höher ist sein Anteil an Honigtau. Der Geruch ist sehr intensiv und anhaltend und kaum mit anderen Sorten zu verwechseln. Er erinnert an verbranntes, nasses Holz, an nassen Tabak und an Gerbstoff. Am Gaumen zeigt Edelkastanienhonig seine ganze Komplexität: Bittertöne, feuchtes Eichenholz, Leder. Der Honig ist verhalten süss, Säurenoten sind kaum wahrnehmbar. Im Finale liefert er einen sehr langen Abgang und hinterlässt einen bleibenden Eindruck von Tannin. Der ausgeprägte Bitterton dieses Honigs, der noch stärker zur Geltung kommt, wenn man ihn leicht erwärmt, eignet sich hervorragend als Kontrast zu Frischkäse.

Die Pflanze

Die Edelkastanie, lat. *Castanea sativa*, gehört zur Familie der Buchengewächse, *Fagaceae*. Blühende Edelkastanienbäume verströmen einen streng bitteren Duft, der sich auch im Honig wiederfindet. Sie sind durch die auffälligen, bis zu zwanzig Zentimeter langen, leuchtenden Blütenstände schon von weitem erkennbar. Kastanien sind wärmeliebend und benötigen tiefgründige Böden. Sie überstehen Trockenperioden sehr gut, da sie sehr tief reichende Wurzeln haben. Edelkastanien wachsen bevorzugt an sandigen Standorten und vertragen strenge Winterfröste schlecht. Abgestorbene Bäume treiben häufig erneut aus. Leider sind die heimischen Bestände schon seit Jahren durch Pilze bedroht, die in die Rinde eindringen und eine krebsartige Wucherung verursachen. Edelkastanien können bis zu dreissig Meter hoch werden und ein Alter von mehreren Hundert Jahren erreichen. Die Blühfähigkeit setzt etwa ab dem zwanzigsten Jahr ein. Die Blätter sind länglich und scharf gezahnt. Die stärkereichen Früchte werden von einer stacheligen Hülle umschlossen, die im Herbst aufspringt und die Marroni freigibt. Die Nektarabsonderung ist reichlich und wirkt sehr anziehend auf Honigbienen und andere Insekten. Die Edelkastanie ist eine begehrte Kulturpflanze, von der es zahlreiche Sorten gibt. Grössere Naturbestände kommen vor allem in den Südalpentälern vor. Ursprünglich von den Römern gebracht, ist die Edelkastanie auch in den Tälern Südtirols bis in eine Höhenlage von 900 Meter verbreitet, teilweise auch an den nördlichen Ufern der Voralpenseen der Schweiz. Bedeutend ist die Edelkastanie auch als Pollenlieferant. Sie zählt in Südeuropa zu den wichtigsten Pollenquellen der Bienen. Die Farbe der Kastanienpollen ist gelbgrün und der Stickstoffanteil mit 4,27 Prozent sehr hoch. Die Esskastanie war bis ins 19. Jahrhundert in vielen Tälern der Südalpen ein wichtiges Nahrungsmittel für die Landbevölkerung, da sie viel Stärke enthält. Erst nach der Intensivierung der Landwirtschaft wurde sie von der Kartoffel abgelöst.

Eichenhonig

ital. Miele di Quercia
franz. Miel de Chêne

Vorkommen des Honigs im Alpenraum:
Provence und Piemont, in Hügel- und Bergzonen, häufig

Der Honig

An allen Arten von Eichen können Läuse Honigtau produzieren. Besonders verbreitet ist diese Trachtquelle für Bienen an der Steineiche, lat. *Quercus ilex*, in der provenzalischen Garrique. Der Zeitpunkt der Honigtauproduktion ist das Ende des Frühlings, wenn viele Frühlingsblüten bereits rar geworden sind. Geerntet wird der Honig dann meist gemeinsam mit den anderen Sommerhonigen wie Lavendel. Der Verkauf erfolgt häufig unter der Bezeichnung «Miel de Garrique». Ist der Honig besonders sortenrein, kann dies auch unter «Miel de Chêne» erfolgen. Die Farbe des Eichenhonigs ist dunkelbraun. Er kristallisiert nur schwach. Würzige Geruchsaromen nach Gerstenmalz machen den Honig leicht erkennbar. Am Gaumen ist Eichenhonig sehr komplex mit lange anhaltenden Bittertönen und Aromen von Trockenfrüchten und Lakritze.

Die Pflanze

Die Eiche, lat. *Quercus spp.*, zählt zur Familie der Buchengewächse, *Fagaceae*. Eichen kommen in der gesamten gemässigten Zone der nördlichen Hemisphäre vor. Insgesamt kennt man an die 500 Arten. Von den europäischen Arten sind einige im Mittelmeerraum beheimatet und bilden grössere Bestände. Sie dringen nur vereinzelt in die Alpentäler vor. In Mittel- und Osteuropa sind vor allem zwei Eichenarten verbreitet: die Stieleiche, lat. *Quercus robur*, sowie die Traubeneiche, lat. *Quercus petraea*. Beide Arten haben für die Honigtauproduktion jedoch keine Bedeutung. Eichen sind Windbestäuber und besitzen keine Nektarien. Sie liefern den Bienen im Frühjahr Pollen und im Sommer Honigtau. Eichenpollen ist gelbgrün und wird von den Bienen vor allem vormittags gesammelt. Zahlreiche Pollenfunde belegen die früher weit grössere

Verbreitung der Eiche. Noch im Mittelalter wurden die grossflächigen Eichenwälder und insbesondere ihre nahrhaften Früchte als Weide für Schweine genutzt. Die Eiche hatte aufgrund ihres mächtigen Wuchses und ihres hohen Alters immer schon eine besondere symbolische Bedeutung für den Menschen. Es waren heilige Bäume. Viele Wallfahrtsorte und Namen haben Bezug zu diesem Laubbaum. Das Holz der Eiche ist besonders schwer und dauerhaft. Es war deshalb als Baumaterial für Brücken, Gebäude und Schiffe sehr begehrt.

Efeuhonig

ital. Miele di Edera
franz. Miel de Lierre

Vorkommen des Honigs im Alpenraum:
Trentino, Friaul, Lombardei und Piemont, in Hügelzonen, selten

Der Honig

Aufgrund der späten Blüte der Pflanze im September und Oktober sind reinsortige Honige rar. Der Honig kristallisiert aufgrund des hohen Glucosegehalts sehr rasch und muss daher unmittelbar nach dem Ende der Blüte geerntet werden. Die Honigfarbe ist grau mit grünlichem Schimmer. Im floralen Geruch ist ein deutlicher Zimtton wahrnehmbar. Am Gaumen ist Efeuhonig süsssäuerlich mit Gerbstoff- und Kaffeearomen und weist einen langen Abgang auf. Die Konsistenz ist feincremig. Reinsortige Efeuhonige sind als Überwinterungsfutter für Bienen wegen des hohen Glucose- und geringen Wassergehalts schlecht geeignet und können Bienenschäden verursachen.

Die Pflanze

Der Gemeine Efeu, lat. *Hedera helix*, ist eine Pflanze aus der Familie der Araliengewächse, *Araliaceae.* Die 60 Gattungen der Familie mit ihren 700 Arten sind hauptsächlich in den Tropen verbreitet. In Mitteleuropa ist nur *Hedera helix* von Bedeutung. Das Verbreitungsgebiet erstreckt sich vom Flachland bis in die subalpine Vegetationsstufe von etwa 1800 Metern Seehöhe. Der Efeu gedeiht auf allen Bodenarten, liebt jedoch kalkreiche, humose und feuchte Standorte. Sehr häufig kann Efeu in Auwäldern, Steinbrüchen und Ruinen angetroffen werden. Da Efeu sehr einfach über Stecklinge vermehrt werden kann, gibt es auch zahlreiche kultivierte Spielarten, die sich in Form und Farbe des Blattes unterscheiden. Efeu ist ein kletternder Strauch mit Haftwurzeln, der unter günstigen Bedingungen bis zu zwanzig Meter hoch und mehr als 400 Jahre alt werden kann. Das Laub ist immergrün. Die kleinen Blüten stehen in traubenförmig angeordneten Dolden und haben fünf bis zehn gelbgrüne Kronblätter. Die kugelförmige, grünlichschwarze Frucht reift erst im folgenden Jahr. Die späte Efeublüte sondert reichlich Nektar ab. Er wird offen dargeboten und ist allen Insekten zugänglich. Als Besucher findet man Honig- und Wildbienen, Wespen, Schwebfliegen und Schmetterlinge. Efeublüten sondern auch Pollen ab, der von den Bienen in kleinen graugelben Höschen gesammelt wird und mit 4,5 Prozent Stickstoffgehalt zu den stickstoffreichen Pollenarten zählt. Sämtliche Pflanzenteile des Efeus sind für den Menschen giftig. Die Pflanze hatte bereits im Altertum hohe symbolische Bedeutung. In frühen christlichen Bildern galt der immergüne Efeu als Symbol des ewigen Lebens und der Treue.

Erdbeerbaumhonig

ital. Miele di Corbezzolo
franz. Miel d'Arbousier

Vorkommen des Honigs im Alpenraum:
Ligurien und Provence, in küstennahen Hügelzonen, sehr selten

Der Honig

Aufgrund des späten Blühzeitpunktes der Pflanze sind reinsortige Erdbeerbaumhonige rar. Meist bleibt der Honig als Wintervorrat im Bienenstock. Der vor allem auf Sardinien erzeugte Honig wird in Italien sehr geschätzt und auch für die Fabrikation von Bitterlikören verwendet. Die Farbe des Erdbeerbaumhonigs ist hell-bernsteinfarben, solange der Honig flüssig ist. Nach erfolgter Kristallisation, die fein und homogen ausfällt, erscheint der Honig beige-haselnussfarben. Der sehr charakteristische, phenolische Geruch nach Kaffeesud macht den Honig leicht erkennbar. Am Gaumen verstärkt sich der Geruchseindruck. Ein markanter, langanhaltender Bitterton sowie eine frische Säure verdecken die Süsse des Honigs. Erdbeerbaumhonig ist leicht adstringierend und sehr lang im Abgang. Aufgrund des späten Erntezeitpunktes ist die Gefahr eines erhöhten Wassergehalts und einer damit verbundenen Angärung im Honig gegeben.

Die Pflanze

Der Erdbeerbaum, lat. *Arbutus unedo*, zählt zur Familie der Heidekrautgewächse, *Ericaceae*. Der Erdbeerbaum ist wie die Steineiche, die Myrte und die Baumheide ein typisches Gewächs der immergrünen Macchien des Mittelmeerraums. Die Sträucher oder Bäume erreichen eine Höhe von drei bis fünf Metern und finden sich in küstennahen Gebieten bis in einer Seehöhe von etwa 1000 Metern. Die Pflanze verträgt längere Trockenperioden sehr gut und wird häufig zur Wiederaufpflanzung nach Waldbränden verwendet. Der Erdbeerbaum liebt leicht saure Böden und verträgt keinen Kalk. Der immergrüne Erdbeerbaum ist dicht verzweigt. Die Farbe der Blüten ist weiss und an der Sonnenseite zartrosa. Die Blütezeit fällt in die Monate Oktober bis November. An den Zweigen finden sich gleichzeitig Blüten und die etwa zwei bis drei Zentimeter grossen roten Früchte, die an Erdbeeren erinnern. Die süssen Früchte, die viel Vitamin C enthalten, sind geniessbar, können allerdings Allergien auslösen. Bestäubt wird der Erdbeerbaum ausschliesslich von Insekten, in erster Linie von Honigbienen.

Esparsettenhonig

ital. Miele di Lupinella
franz. Miel de Sainfoin

Vorkommen des Honigs im Alpenraum:
Lombardei und Aostatal, in Hügelzonen,
selten

Der Honig

Esparsettenhonig ist meist Teil von Blütenhonigen, reinsortig ist er selten zu finden. Wie Honig von anderen Leguminosenarten ist auch dieser Honig sehr hell. Die Kristallisation erfolgt rasch und feinkörnig. Kristallisierte Honige sind fast weiss. Der Geruch des Honigs ist von schwacher Intensität, am Gaumen ist er süss mit Fruchtaromen. Die Kristallisation erfolgt rasch und feinkörnig. Esparsettenhonig ist sehr pollenreich.

Die Pflanze

Die Esparsette, lat. *Onobrychis viciifolia*, zählt zur Familie der Hülsenfrüchtler, *Fabaceae*. Die Esparsette ist eine langlebige und anspruchslose Futterpflanze. Aufgrund der geringen Ernteerträge ist ihr Anbau allerdings rückläufig. Sie ist gut geeignet für trockene und kalkreiche Böden mit undurchlässigem Untergrund, weil hier ihre mächtige Pfahlwurzel gut eindringen kann. Insgesamt gibt es etwa 100 Arten von *Onobrychis*, die vor allem im östlichen Mittelmeergebiet beheimatet sind. Oft findet man die Pflanze auch in verwilderter Form in den Wiesen der Südalpen. Die Blüte der Esparsette hat eine Besonderheit, durch die die Insektenbestäubung sichergestellt wird. Beim Landen der Honigbiene klappen die beiden tieferliegenden Kronblätter nach unten und der Fruchtknoten berührt den Bauch des Insekts, wobei Pollen auf die Narbe gelangt. Die Blütezeit der Pflanze erstreckt sich von Mai bis August.

Eukalyptushonig

ital. Miele di Eucalipto
franz. Miel d'Eucalyptus

Vorkommen des Honigs im Alpenraum:
Provence und Ligurien, in Küstennähe,
sehr selten

Der Honig

Eukalyptushonig hat einen ausgeprägten Charakter und zählt zu den aromatischen Honigsorten. Als flüssiger Honig ist er hell-bernsteinfarben, nach erfolgter Kristallisation zu einer feinkörnigen, festen Masse, beigegrau. Der Geruch ist sehr intensiv und erinnert an trockene Pilze, Rauch und nasse Wolle. Am Gaumen lebhafte Aromen von Menthol, Trockenpilzen, Caramel und Lakritze. Der Honig wirkt sehr süss, mit kaum wahrnehmbarer Säure und einem raschen Abgang vom Gaumen. Eukalyptushonig hat in der Regel einen niedrigen Wassergehalt und einen hohen Anteil an Glucose. Reinsortige Eukalyptus-

honige sind im Alpenraum sehr rar und ausschliesslich in küstennahen Zonen Liguriens und der Provence zu finden.

Die Pflanze

Der Rote Eukalyptus, lat. *Eucalyptus camaldulensis,* zählt zur Familie der Myrthengewächse, *Myrtaceae.* Die mehr als 600 Arten von Eukalyptus sind in Australien und Indonesien heimisch. Der lateinische Name geht auf den Grafen von Camaldilo zurück, der im Jahre 1832 Eukalyptus erstmals in Italien pflanzte. Der Baum kann eine Höhe von bis zu fünfzig Metern erreichen und bis zu 700 Jahre alt werden. Der Wuchs des Stammes ist aufrecht. Die länglichen, immergrünen Blätter riechen intensiv nach Menthol und sind etwa zwanzig Zentimeter lang. Aus ihnen wird das Eukalyptusöl gewonnen, dessen hustenlindernde Wirkung bekannt ist. Die Pflanze ist an längere Trockenperioden und salzige Standorte sehr gut angepasst. Die gelblichweisse Blüte, die ebenfalls sehr stark duftet, erscheint in den Monaten Juli und August. Da die Pflanze sehr rasch wächst, wird sie häufig zur Bepflanzung von Sanddünen und als Windschutzgürtel verwendet und ist im gesamten Mittelmeerraum verbreitet. Das Holz ist als Baumaterial für Möbel sehr begehrt.

Faulbaumhonig

franz. Miel de Bourdaine

Vorkommen des Honigs im Alpenraum:
Moorgebiete und Auen der Ostalpen,
sehr selten

Der Honig

Faulbaumnektar ist ein wichtiger Bestandteil von Moor- oder Auhonigen. Reinsortig ist er sehr selten zu finden. Er ist dunkel-bernsteinfarben mit einem leichten Rotstich. Die Kristallisation erfolgt langsam und die Kristalle sind weich. In der Nase florale Noten von schwacher Intensität. Am Gaumen Aromen von getrockneten Bananen und Weichselmarmelade. Faulbaumhonig hat ein komplexes Geschmacksbild, allerdings ohne Säure und Bitterton und mit einem raschen Abgang.

Die Pflanze

Der Faulbaum, lat. *Frangula alnus,* gehört zur Familie der Kreuzdorngewächse, *Rhamnaceae.* Die Familie umfasst 50 Gattungen mit 500 Arten von sommer- und immergrünen Bäumen und Sträuchern mit weltweiter Verbreitung. Der Faulbaum wächst als Strauch oder als Baum. Er kann eine Höhe von bis zu fünf Metern erreichen. Einfach erkennbar ist die Pflanze an den Früchten: grüne Beeren, die sich im Laufe des Sommers rot und zuletzt schwarzviolett verfärben. Die Vermehrung erfolgt hauptsächlich durch Stockausschläge über die Wurzel. Der Faulbaum verträgt Frost und starke Beschattung. Bei der natürlich fortschreitenden Verlandung eines Sees bildet der Faulbaum zusammen mit Weiden eine typische Vegetationsstufe, in der sich später Erlen ansiedeln können. Der Faulbaum kommt in Auwäldern, an Flussläufen und in quellenreichen Gebieten bis in 1400 Metern Seehöhe vor. Er ist in ganz Europa auch als Charakterbaum von Sumpfgebieten typisch. Der Blütezeitraum ist Mai bis Juni. Das Nektar absondernde Drüsengewebe kleidet die ganze Innenseite des Blütenbechers aus und kann von kurzrüsseligen Insekten wie Bienen daher besonders gut erreicht werden. Die Nektarproduktion wird auf 15 bis 30 Kilogram pro Hektare geschätzt. Die Pollenproduktion des Faulbaums ist für Bienen von untergeordneter Bedeutung. Beeren, Blätter und die frische Rinde des Baumes sind für den Menschen giftig.

Feldthymianhonig

franz. Miel de Thym serpolet
ital. Miele di Timo serpillo

Vorkommen des Honigs im Alpenraum:
Provence und Piemont, in Bergzonen,
selten

Der Honig

Trotz der weiten Verbreitung des Feldthymians sind reinsortige Honige selten und auf Zonen mit grossem Vorkommen beschränkt. Feldthymianhonig ist rötlich-bernsteinfarben. Die Kristallisation in groben Körnern erfolgt nur unvollständig. Der starke, animalische Geruch des Honigs nach Schafstall ist sehr charakteristisch. Am Gaumen intensive Mentholaromen, sehr süss und wenig Säure.

Die Pflanze
Der Feldthymian, lat. *Thymus serpyllum,* zählt zur Familie der Lippenblütler, *Labiatae.* Die Pflanze aus der Gattung der Thymiane, die häufig auch als Quendel bezeichnet wird, ist in ganz Europa verbreitet. Sie bedeckt als duftender, roter Teppich oft weite Landstriche. Der Feldthymian meidet kalkige Böden und kommt gerne in Pflanzengemeinschaft mit Kiefern vor. Insbesondere auf Granitböden der Südalpen findet sich *Thymus serpyllum* auf bis über 2000 Metern Seehöhe. Die Blütezeit erstreckt sich über die Monate April bis August. Die Pflanze ist ein Zwergstrauch von 10 bis 30 Zentimetern Höhe, der aus einem verholzten Wurzelstock die niederliegenden Stengel mit den kleinen Blättern ausbreitet. Er besiedelt sonnige Hügel, Mauern und Felsen. Der intenisve Blütenduft ist auf den hohen Gehalt an ätherischen Ölen wie Cymol und Thymol zurückzuführen.

Fenchelhonig

franz. Miel de Fenouil

Vorkommen des Honigs im Alpenraum:
Niederösterreich und Provence, in Feldkulturen,
sehr selten

Der Honig
Fenchelhonige sind sehr rar und nur in unmittelbarer Nähe von Feldkulturen zu finden. Der Farbton ist dunkelbernstein. Der Honig kristallisiert rasch und zeigt in der Nase zarte Gewürzaromen, die an Kaffee erinnern. Am Gaumen herrscht ein komplexer Geschmack mit mittlerer Intensität nach gekochtem Fenchel und Kaffee vor. Das Aroma bleibt lange am Gaumen mit einem leichten Nachgeschmack nach ranzigen Nüssen.

Die Pflanze
Der Fenchel, lat. *Foeniculum vulgare,* zählt zur Familie der Doldenblütler, *Umbeliiferae.* Wilder Fenchel kommt im gesamten Mittelmeerraum und in Vorderasien vor. Als Kulturpflanze im Garten ist er verbreitet zu finden, gedeiht jedoch nur in wärmeren Lagen. Fenchel ist eine mehrjährige Pflanze. Der Blühzeitraum der Pflanze ist Juni–Juli. Fenchelkulturen findet man unter anderem in der Provence. Die Samen mit ihren ätherischen Ölen werden zur Produktion von alkoholischen Getränken verwendet.

Fichtenhonig

franz. Miel d'Epicea
ital. Melata di Abete rosso
slow. Smrekov med

Vorkommen des Honigs im Alpenraum:
Gesamter Alpenraum ausser Seealpen, in Bergzonen
(600 bis 1000 Meter Seehöhe),
sehr häufig

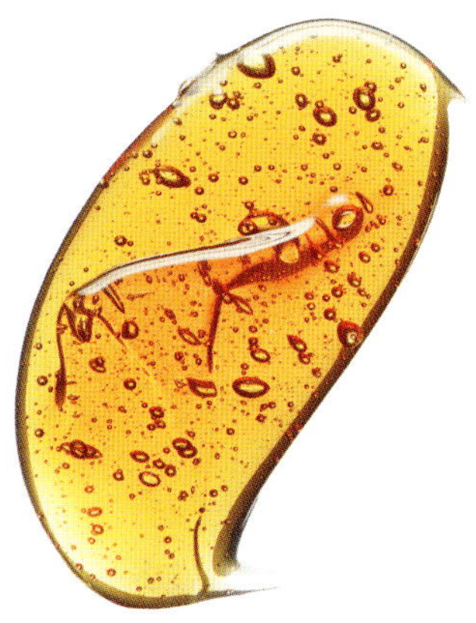

Der Honig
Fichtenhonig zeigt sich in dunkler Bernsteinfarbe mit mattem Schimmer von Rot und Braun. Der Geruch nach schwarzem Pfeffer, Wacholder und Weihrauch ist intensiv. Mittlere Süsse und Malzaromen von gerösteter Gerste kennzeichnen den Geschmack. Säure und Bittertöne sind nicht wahrnehmbar. Fichtenhonig bleibt sehr lange am Gaumen. Honigtauhonige von Fichte und Tanne, oft vereinfacht als «Waldhonige» bezeichnet, stellen schon aufgrund ihres botanischen Ursprungs eine Besonderheit dar und zählen zu den geschmacklich komplexesten Kreationen der Honigbiene. Sie entwickeln durch mehrjährige Lagerung auch interessante Reifearomen. Meist bleiben Waldhonige sehr lange flüssig. Bei einem hohen Gehalt an Mehrfachzucker Melizitose kann es allerdings zu einer sehr raschen Kristallisation in den Waben oft noch vor der Ernte kommen. Analytisch unterscheiden sich Waldhonige von Blütenhonigen durch die Anwesenheit von Russtaupilzen und Algenzellen bei gleichzeitig geringem Pollengehalt. Ein weiteres Kennzeichen ist eine hohe elektrische Leitfähigkeit, bedingt durch einen hohen

Gehalt an Mineralstoffen, insbesondere Kalium. Waldhonige haben weiters einen hohen Gehalt an phenolischen Komponenten und eine hohe oxidationshemmende Aktivität: Sie hemmen die Freisetzung von freien Radikalen. Diese Eigenschaft wird auch an Manuka-Honigen sehr geschätzt. Waldhonig erfreut sich in den Ländern der Nordalpen wie Schweiz, Deutschland und Österreich einer hohen Wertschätzung, in Italien hält sich seine Beliebtheit allerdings in Grenzen. Der Grund dafür ist die häufige Verwechslung des hocharomatischen Waldhonigs mit Metcalfahonig, der im Farbton ähnlich ist, ihm jedoch geschmacklich nicht das Wasser reichen kann.
Neben Honigtau von Fichte und Tanne sind an Waldhonigen häufig auch Nektarquellen von Blütenpflanzen wie Himbeere, Heidelbeere oder Bergahorn beteiligt. Bienenwirtschaftlich sind Waldhonige von grösster Bedeutung für den gesamten Alpenraum.

Die Pflanze

Die Fichte, lat. *Picea abies*, zählt wie die Weisstanne zur Familie der Kieferngewächse, *Pinaceae*. Fichten haben ein tellerförmig ausgebreitetes Wurzelsystem. Das Nadelgehölz ist Hauptbestandteil der mitteleuropäischen Wälder, und sein Vorkommen reicht bis nach Nordeuropa. Die Fichte hat viereckige Nadeln. Die Hauptverzweigungen führen nach oben oder unten. Die Fichte findet sich mit Ausnahme der südwestlichen Voralpen überall in den Alpen, allerdings nicht mit der gleichen Häufigkeit. Im Grossteil der Nordalpen ist sie die häufigste Baumart. In den südöstlichen Voralpen und in den inneren Nordwestalpen tritt sie nur unbedeutend auf. Fichten sind Gymnosperme (Nacktsamer), die Samenanlagen liegen frei auf den Fruchtblättern. Es fehlen Blütenblätter, Fruchtknoten und Narbe. Sie sind zum grössten Teil einhäusig, männliche und weibliche Blüten befinden sich auf denselben Individuen. Die männlichen Blüten bilden Zäpfchen, die eine grosse Zahl an Staubblättern mit Pollensäcken tragen. Die Bestäubung erfolgt durch den Wind. Der Pollen der Fichte wird von je zwei Luftsäcken getragen, die das Schweben in der Luft und die Verbreitung erleichtern. Die Pollenproduktion beträgt bis zu 600 000 pro Blüte. Zur Zeit der Waldblüte schweben gelbliche Pollenwolken über den Wipfeln, nach Regenschauern findet sich der Waldpollen auf dem Boden. Nadelholzpollen wird trotz der riesigen Produktionsmenge von Bienen selten gesammelt. Bei Fütterungsversuchen erwies sich, dass er die Lebensdauer der Bienen verkürzt. Gute Fichtenstandorte für Bienen finden sich vor allem auf Seehöhen um 700 bis 1000 Metern. In höheren Lagen und inneralpinen Trockengebieten honigen die Nadelgehölze nur selten und sind meist nicht sehr ergiebig. In Mitteleuropa ist die Fichte der forstwirtschaftlich am intensivsten genutzte Baum. Die Gründe dafür sind der gerade Wuchs, das rasche Holzwachstum, die geringen Ansprüche an den Standort sowie die vielseitige Verwendbarkeit des Holzes. Fichtenholz findet Verwendung in der Papier- und Zellstoffindustrie und als Bau- und Möbelholz. Besonders wertvolle Hölzer von langsam gewachsenen Bäumen aus dem Hochgebirge werden auch für den Bau von Tasten-, Zupf- und Streichinstrumenten verwendet. Von grosser Bedeutung sind die Nadelhölzer auch in Bannwäldern, die Siedlungen in hochalpinen Gebieten vor Lawinen und Steinschlag schützen.

Goldrutenhonig

ital. Miele di Verga d'oro

Vorkommen des Honigs im Alpenraum:
Piemont, Lombardei und Venetien (entlang des Po), selten

Der Honig

Goldrutenhonig ist rar, kann aber vor allem in Auwäldern entlang von grösseren Flüssen reinsortig gewonnen werden. Da der Blühzeitraum der Pflanze sehr spät ist, überschneidet sich die Ernte mit der Vorbereitungszeit der Bienen auf die Winterruhe. Der Honig bleibt aufgrund eines höheren Fructoseanteils lange flüssig. Der Farbton ist dunkelgelb mit bräunlichem Einschlag. Goldrutenhonige sind sehr aromatisch.

Die Pflanze

Die Goldrute, lat. *Solidago spp.*, zählt wie die Sonnenblume zur Familie der Korbblütler, *Asteraceae*. Die Gattung *Solidago* ist hauptsächlich in Nordamerika verbreitet. Von weltweit etwa achtzig Arten ist in Europa nur die Gewöhnliche Goldrute, lat. *Solidago virgaurea*, heimisch. Zwei amerikanische Arten, die in Europa als Zier- und Gartenpflanzen eingeführt wurden, haben sich gut in die heimische Flora eingefügt und sind verwildert. Dies sind die Kanadische Goldrute, lat. *Solidago canadensis*, und die Riesengoldrute, lat. *Solidago gigantea*. Die Goldrute

gedeiht auf jeder Art von Boden, besonders gut auf feuchtem, kräftigem Auboden und kann auch Schattenlagen gut vertragen. Sie breitet sich entlang von Gewässern aus. Die Vermehrung der ausdauernden, krautigen Pflanze erfolgt in erster Linie durch Wurzelausläufer, da die Samen selten keimfähig sind. Der Neophyt erreicht eine Höhe von bis zu zwei Metern. Die Goldrute gilt aus Pionierpflanze. Sie schafft es, Böden, die etwa durch industriellen Maisanbau jahrelang ausgelaugt wurden, neu zu besiedeln.
Für die Imkerei ist das massenhafte Auftreten der Goldrute ein Segen. In einer Jahreszeit, in der kaum noch Blüten vorkommen, also etwa ab Mitte Juli, bietet dieser Neophyt den Bienen reichlichen Pollen- und Nektareintrag. Aber auch Wildbienen, Schwebfliegen, Tagfalter und Käfer befliegen die Blüten intensiv. Der Honigwert wird auf 179 Kilogramm pro Hektare geschätzt. Die Goldrute findet in Form von Tee Anwendung als Heilmittel. Die Wirkung wird als harntreibend, entzündungshemmend, krampflösend und antioxidativ beschrieben. Ausserdem hat die Pflanze eine pilzhemmende Wirkung und lindert Nierenleiden.

Götterbaumhonig

ital. Miele di Ailanto
slow. Ailantov med

Vorkommen des Honigs im Alpenraum: Friaul, Piemont und Lombardei, in Hügelzonen, selten

Der Honig

In China, der Heimat des Götterbaums, gilt der aromatische Honig als Spezialität. Reinsortig ist Götterbaumhonig vor allem in den Südalpen anzutreffen. In Ballungszentren ist er – meist gemeinsam mit Akazie, Linde und Rosskastanie – Bestandteil vieler Stadthonige. In flüssigem Zustand ist Honig vom Götterbaum bernsternfarben mit leichtem Grünschimmer. Er kandiert nach einigen Monaten mit feinen Kristallen und zeigt im kristallisierten Zustand einen helleren Grauton. Der Geruch nach Früchten und frischen Pilzen ist von mittlerer Intensität. Der markante Geschmack erinnert an Muskattraube und Holunderblüte.

Die Pflanze

Der Götterbaum, lat. *Ailanthus altissima,* zählt botanisch zur Familie der Bitterholzgewächse, *Simaroubaceae.* Die Gattung *Ailanthus* war vor den Eiszeiten bereits in Europa vertreten und ist mit dem Götterbaum – auf abenteuerliche Weise – zurückgekehrt. Der französische Jesuitenpater Pierre Nicolas d'Incarneville, der zwischen 1740 und 1756 in Peking lebte, liess die Samen des exotischen Baumes auf der Karawanenroute über St. Petersburg nach Europa schmuggeln. In London glaubte man, sich den Lackbaum, lat. *Rhus verniciflua,* verschafft zu haben, aber der Götterbaum taugte nicht zur Gewinnung des begehrten Lacks, mit dem die Chinesen ihre Möbel zum Glänzen brachten. Später entdeckte man, dass Ailanthus als Futter für Seidenraupen verwendet werden konnte. Im Jahre 1856 importierten Wiener Textilunternehmer zur Produktion der begehrten Seide den Seidenspinner aus Asien und legten zur Futterversorgung der Raupen zwischen Kärntnertor und Wienbrücke Götterbaumplantagen an. Der Götterbaum verbreitete sich daraufhin im gesamten Stadtbereich. Da die erzeugte Seide minderwertig und grob war, wurde die Produktion bald darauf eingestellt. Nach dem Zweiten Weltkrieg begann sich der Götterbaum als invasiver Neophyt auf den Trümmerhaufen der Städte stark auszubreiten und entwickelte sich zum typischen Stadtbaum. Mittlerweile ist der wärmeliebende Baum, der sich auch entlang von Bahngleisen und Autobahnen stark vermehrt, vielerorts anzutreffen. Der Götterbaum gilt als Pionierbaum, seine Verbreitung erfolgt durch Samen und Wurzelausläufer. Die Wurzeln scheiden Pflanzengifte aus, die die Keimung anderer Pflanzensamen hemmen. Die Pollen des Götterbaums stehen im Verdacht, Allergien auszulösen. Er wurde gelegentlich als Forstbaum und häufig auch in Windschutzstreifen gepflanzt. Zurzeit laufen weitere Versuche zur forstwirtschaftlichen Nutzung des Holzes des Götterbaums, da er aufgrund seines geringen Wasserbedarfs und seiner hohen Anpassungsfähigkeit für trockene Waldstandorte sehr gut geeignet ist. Er ist einer der wenigen Bäume, dem auch ein literarisches Denkmal gesetzt wurde. Betty Smith hat dem Götterbaum – als Symbol des Überlebens in einer feindlichen Umgebung – mit ihrem Buch «A Tree grows in Brooklyn» ein ganzes Buch gewidmet.

Heidekrauthonig

ital. Miele di Brugo
franz. Miel de Callune

Vorkommen des Honigs im Alpenraum:
Piemont, Lombardei (Naturpark Baragge) und Provence, in Hügelzonen, selten; sowie Hochgebirge, sehr selten

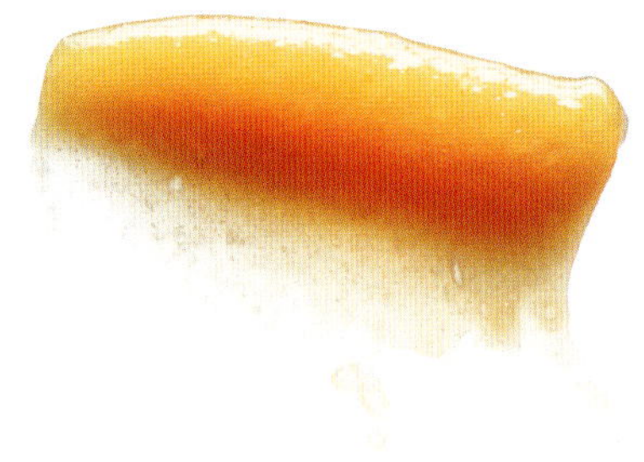

Der Honig

Eine besondere Auffälligkeit des rotbraunen Heidekrauthonigs ist die gelatineartige Konsistenz, die auf einen besonders hohen Gehalt an Eiweissstoffen zurückzuführen ist. Auch finden sich stets grosse, runde Kristalle im Honig. Im Geruch komplexe Aromen von Leder, Balsam und Terpentin. Am Gaumen sind Honige von Heidekraut sehr süss, leicht bitter und mit einem langen Abgang. Die Geschmacksaromen erinnern an frisches Leder und Terpentin. Durch den späten Blühzeitpunkt der Pflanze kann der Honig häufig reinsortig gewonnen werden. Allerdings benötigt Heidekrauthonig aufgrund seiner gelatineartigen Konsistenz eine spezielle Erntetechnik. Gewöhnliche Honigschleudern sind meist nicht ausreichend. Eine analytische Auffälligkeit ist der hohe Wassergehalt dieses Honigs mit der daraus folgenden Gefahr von Gärung. Heidekrauthonig sollte daher immer kühl gelagert werden.

Die Pflanze

Heidekraut, auch Besenheide genannt, lat. *Calluna vulgaris,* zählt zur Familie der Heidekrautgwächse, *Ericaceae.* Der Zwergstrauch, der eine Höhe von 20 bis 100 Zentimetern erreichen kann, ist der Grauheide ziemlich ähnlich, allerdings ist die Blüte heller und der Blühzeitraum später im Herbst. *Calluna vulgaris* ist in Europa weit verbreitet und eine wichtige Nahrungsquelle für die Bienen. Im alpinen Raum findet sich Heidekraut etwa im Naturpark Baragge, in den Voralpen der Lombardei und von Piemont. In dieser trockenen Zone mit ihren undurchlässigen Lehmböden, die Ackerbau nicht ermöglichen, konnte sich das Heidekraut stark ausbreiten. Der Naturpark ist Ziel von vielen Wanderimkern, die in dieser späten Zeit des Jahres noch den begehrten Honig ernten können. Die Besenheide ist in Moor- und Torfgebieten heimisch, aber ebenso auf Trockenböden in den Bergen und auf Sanddünen, da sie sich auf nährstoffarmen Böden mit geringem Kalkgehalt auch ausbreiten kann. In atlantischen Gebieten mit ozeanischem Klima kann sie grosse Flächen bedecken. Die Pflanze ist unempfindlich gegenüber extremen Temperaturen und Nässe, und durch ihren dicht zusammenschliessenden Wuchs kann sie andere Pflanzen zurückdrängen. Auch eine reichliche Samenerzeugung fördert ihre rasche Ausbreitung. In Gebirgslagen kann Heidekraut ein Alter von bis zu vierzig Jahren erreichen.

Himbeerhonig

ital. Miele di Lampone
franz. Miel de Framboisier

Vorkommen des Honigs im Alpenraum:
Gesamter Alpenraum, in Bergzonen, selten

Der Honig

Himbeerblütenhonig ist meist Teil von Waldhonigen, reinsortig ist er jedoch selten zu finden. Bei ausbleibender Fichtentracht kann der Anteil von Himbeere durchaus bedeutend sein. Himbeerblütenhonig ist, wie auch andere Honige von Rubus-Arten, in flüssigem Zustand hellgelb, sobald er kristallisiert, fast weiss. Er ist mild im Geruch mit Aromen von reifen Früchten. Am Gaumen zeigt Himbeerhonig mittlere Säure sowie einen kurzen Abgang.

Die Pflanze

Die Himbeere, lat. *Rubus idaeus,* zählt zur Familie der Rosengewächse, *Rosaceae.* Himbeeren sind Halbsträucher, das heisst, die Schösslinge tragen im zweiten Jahr Blüten und Früchte und sterben dann ab. Der Wuchs ist aufrecht und an den Triebspitzen überhängend. Die Vermehrung erfolgt durch Wurzelausläufer. Die Blüten werden bereits im Frühsommer und Herbst des Vorjahres gebildet und benötigen eine Kältephase für ihre endgültige Entwicklung. Die Himbeeren bilden rote Sammelfrüchte, die sich

Wiesen-Flockenblume.

leicht vom Blütenboden lösen. Der Blühzeitraum umfasst die Monate Mai bis Juni. Von den insgesamt 159 Himbeerarten, die in Südasien bekannt sind, sind nur einige in Europa heimisch. Vor etwa 400 Jahren begann die Züchtung von Kultursorten der Himbeere, vor allem durch Kreuzung von einheimischen mit importierten Arten. Rubus-Arten wie Brombeere, lat. *Rubus fruticosus,* und insbesondere auch die Himbeeren sind ergiebige Spender von Blütennektar und Pollen und bei Honigbienen sehr beliebt. Zwischen den Kultursorten bestehen erhebliche Unterschiede in der Nektarproduktion. Der Honigwert reiner Himbeerbestände wird auf etwa 120 Kilogramm pro Hektare geschätzt. Pollen wird in der Himbeerblüte ganztägig produziert und von den Bienen in grauen Höschen in das Bienenvolk eingetragen. Rubus-Pollen zählt mit 4,6 Prozent Stickstoff zu den stickstoffreichsten Pollenarten. Grössere Wildhimbeerbestände entstehen meist an Waldrändern sowie nach Kahlschlägen in Fichtenwäldern. Die Pflanze ist im gesamten Alpenraum verbreitet. In der Naturheilkunde finden sowohl Früchte als auch Blätter und Wurzeln der Himbeere Verwendung.

Johannisbrotbaumhonig

ital. Miele di Carrubo

Vorkommen des Honigs im Alpenraum:
Ligurien und Provence, in Küstennähe,
sehr selten

Der Honig

Die Pflanze ist für die Bienen in küstennahen Gebieten von grosser Bedeutung, da zur späten Blütezeit das Nahrungsangebot bereits sehr klein ist. In manchen Jahren können bei günstigen Klimabedingungen reinsortige Honige geerntet werden. Ansonsten bleibt der Honig als Winterfutter im Bienenstock. Honig vom Johannisbrotbaum ist dunkel-bernsteinfarben. In der Nase zeigt er pflanzliche Aromen von Sellerie. Am Gaumen ist der Honig sehr süss und leicht adstringierend. Johannisbrotbaumhonig hat eine schwach ausgeprägte Sortenaromatik. Reinsortige Honige von Johannisbrotbaum sind im Alpenraum sehr rar und ausschliesslich in küstennahen Zonen Liguriens und Teilen der Provence zu finden.

Die Pflanze

Der Johannisbrotbaum, lat. *Ceratonia siliqua,* zählt zur Familie der Hülsenfrüchtler, *Fabaceae.* Die Pflanze wächst in den wärmsten Zonen des Mittelmeergebietes und ist sehr resistent gegen Hitze und Trockenheit. Bevorzugt werden kalkhaltige Böden. Die Pflanze ist auch salztolerant. Die Wuchshöhe des Baums kann bis zu zwanzig Meter erreichen. Der Johannisbrotbaum ist sehr frostempfindlich und daher selten in Höhenlagen über 500 Metern zu finden. Die Pflanze ist gemeinsam mit dem Erdbeerbaum eine typische Bienentrachtpflanze von Macchie und Garrique. Etwa sechs Jahre nach der Keimung blüht der Baum erstmals. Der Blütezeitraum reicht von September bis November. Die unscheinbaren Blütenstände brechen im Herbst, kurz vor Erscheinen der Blätter aus Stamm, Ästen und Zweigen hervor. Der Johannisbrotbaum ist zweihäusig, das heisst, gelbrote männliche und grüne weibliche Blüten finden sich auf verschiedenen Pflanzen. Die bei Vollreife schokoladenbraun glänzende Hülsenfrucht kann eine Länge von bis zu dreissig Zentimetern erreichen und enthält etwa zehn Samen. Früher wurden die Früchte des Johannisbrotbaums als Futtermittel verwendet, heute finden sie noch teilweise Verwendung als Eindickungsmittel in der Lebensmittelindustrie. Aufgrund des langsamen Wachstums ist der Anbau jedoch rückläufig.

Kirschhonig

ital. Miele di Ciliegio
franz. Miel de Cerisier
slow. Cesnja med

Vorkommen des Honigs im Alpenraum:
Süd- und Ostalpen, in Hügelzonen,
selten

Der Honig

Kirschblütenhonige in reiner Form sind rar, und dies hat mehrere Gründe. Einerseits sind sie häufig Teil von Frühlingsblütenhonigen, das heisst, der Nektar wird von den Bienen gemeinsam mit Steinobst- oder Löwenzahnblüten in den Waben eingelagert. Bienen sind zwar «blütenstet»,

das heisst, eine einzelne Biene fliegt so lange auf eine Blütenart, bis die Nektarabsonderung versiegt. Allerdings befliegen verschiedene Bienen bei gleichzeitiger Blüte auch verschiedene Pflanzen. Ausserdem ist, bedingt durch die frühe Blüte der Vogelkirsche, bei kühlen Nachttemperaturen die Nektarproduktion der Blüten gering. Tagsüber ist wegen schlechter Witterung oft kein Bienenflug möglich. Zusätzlich benötigt die Honigbiene in dieser frühen Phase ihrer Jahresentwicklung einen Grossteil des Honigs selbst, und eine zu starke Entnahme durch den Imker würde das Volk sehr schwächen.
Kirschblütenhonig ist hell-bernsteinfarben mit leichtem Orangestich und meist trüb. Sobald der Honig kristallisiert, wird er heller und erhält einen Graustich. Die natürliche Kristallisation erfolgt rasch und ist sehr feinkörnig. Meist wird Kirschblütenhonig daher cremig gerührt. Der zartmandelige Duft der Kirschblüte findet sich auch im Geruch des Honigs wieder und macht ihn leicht erkennbar. Im Geschmack ist Kirschblütenhonig sehr süss und erinnert an Marzipan und Weichselmarmelade. Er verschwindet jedoch rasch vom Gaumen.

Die Pflanze

Die Vogelkirsche, lat. *Prunus avium,* stammt ursprünglich aus Kleinasien und zählt zur Familie der Rosengewächse, *Rosaceae*. Von dieser Wildform der Kirsche gibt es zahlreiche Zuchtformen von Süsskirschen, die sich durch grössere und süssere Früchte auszeichnen und von den Bienen ebenfalls sehr stark besucht werden. Erste Anpflanzungen von Kirschen in Griechenland sind bereits im 6. Jahrhundert vor Christus dokumentiert. Die Vogelkirsche ist heute praktisch in ganz Europa verbreitet und kann selbst noch in Westsibirien angetroffen werden. Häufig wächst die Vogelkirsche in Gemeinschaft mit Hainbuchen und Eichen in den heimischen Wäldern bis in einer Seehöhe von 1500 Metern. Sie kann sich über von Vögeln vertragene Kerne oder auch vegetativ durch Wurzelsprosse vermehren und dann kleinräumig starke Bestände bilden, die für die Imkerei besonders interessant sind. Dies ist etwa in Piemont der Fall. Grosse Süsskirschen-Plantagen finden sich im Süden Sloweniens im Görzer Hügelland. Begehrt ist die Kirsche auch wegen ihres wertvollen Holzes, das zum Bau von Musikinstrumenten verwendet wird.
Auf einzelnen freistehenden Kirschbäumen sind bis zu eine Million Blüten gezählt worden. Diese duften intensiv und sind, insbesondere wenn sie an Waldrändern oder in Hecken stehen, schon von weitem sichtbar. Der Blütennektar gilt als sehr zuckerreich. Häufig werden Bienen auch zur Bestäubung von Süsskirschen in Plantagen eingesetzt, da von Bienen bestäubte Plantagen grössere Früchte mit höheren Erträgen liefern. Die Bienen finden in den Kirschblüten neben reichlich Blütennektar auch viel Pollen. Der Pollen hat eine grünliche Färbung und schmeckt bitter-mandelig. Da die Vollblüte der Kirsche im gemässigt warmen Klima meist bereits im April einsetzt, ist dies das Signal zu einem grossen Entwicklungsschub im Bienenvolk. Die Königin legt dann Eier in grosser Zahl, und der Wabenbau wird von den Bienen stark erweitert. Der Imker vergrössert zu dieser Zeit das Volumen des Bienenstocks, um dem erhöhten Platzbedarf der Bienen gerecht zu werden.

Kleehonig

ital. Miele di Trifoglio
franz. Miel de Trêfle

Vorkommen des Honigs im Alpenraum:
Lombardei, Venetien und Ostalpen, in Feldkulturen, selten

Der Honig

Früher war Kleehonig weltweit eine der mengenmässig wichtigsten Honigsorten. Grosse Produktionszonen waren bewässerte Wiesenflächen in Norditalien. In den alpinen Regionen stammt Kleehonig meist von Grünflächen des Alpenvorlandes. Oft ist er, gemeinsam mit dem geschmacklich dominanten Löwenzahn sowie der Obstblüte, Teil von Frühjahrsblütenhonigen. Kleehonig ist sehr hell, solange er flüssig ist, und milch- bis hell-bernsteinfarben, sobald er kristallisiert. Er bildet sehr feincremige, weiche Naturkristalle. In der Nase dominieren Zimtnoten und feine Blumenaromen von mittlerer Intensität. Am Gaumen ist Kleehonig sehr süss mit wenig Frische und zeigt Noten von reifen Bananen und Milchcaramel. Sein Geschmack ist anhaltend und lang im Abgang. Die natürlichen Kristalle sind nicht immer regelmässig, daher wird Kleehonig fast immer cremig gerührt.

Dem Kleehonig ähnlich sind Honige, die von Pflanzen wie Esparsette, Steinklee, Luzerne et cetera stammen, die allesamt zur Pflanzenfamilie der Hülsenfrüchtler gehören. Sie werden in Mitteleuropa meist nur noch als Gründüngungspflanzen angebaut; als Futterpflanzen sind sie verschwunden.

Die Pflanze

Der Klee, lat. *Trifolium spp.*, zählt zur Familie der Hülsenfrüchtler, *Fabaceae.* Diese stellen mit insgesamt etwa 12 000 Arten die zweitgrösste Familie des Pflanzensystems. Leguminosen sind wichtige Futterpflanzen auf Viehweiden und dank ihrer weltweiten Verbreitung und der hohen Nektarproduktion äusserst wichtig für die Imkerei. Besondere Bedeutung für die Landwirtschaft haben die Schmetterlingsblütler, lat. *Papilionaceae,* eine Unterfamilie der Leguminosen. Sie sind imstande, mit Hilfe von Knöllchenbakterien Stickstoff aus der Luft zu binden. Dazu bilden sie kleine Knöllchen an den Faserwurzeln. Jede Hülsenfrucht hat dabei eine ihr eigene Bakterienart im Boden. Die natürliche Stickstoffproduktion kann auf diese Weise 100 bis 200 Kilogramm pro Hektare betragen und macht zusätzliches Ausbringen von Handelsdüngern unnötig. Überdies wird durch Ernterückstände auch der Humusgehalt im Boden angereichert. Klee wächst sehr rasch und vermehrt sich durch Kriechtriebe, die sich bald bewurzeln. Er spielt eine bedeutende Rolle in der Befestigung von Böschungen und Uferverbauungen, da er sich gut im Boden verwurzelt. Weissklee, lat. *Trifolium repens,* benötigt mittelschwere Böden und ausreichend Niederschlag oder einen hohen Grundwasserspiegel. Rotklee, lat. *Trifolium pratense,* produziert mehr Nektar als Weissklee, hat allerdings im Vergleich zu diesem eine längere Kronröhre und ist für kurzrüsselige Insekten wie Honig- oder Wildbienen schwer erreichbar.
Auf den Wiesen des Alpenvorlandes kann sich nach dem ersten Grasschnitt, also etwa Mitte Juni, der Weissklee sehr rasch entwickeln und zur Blüte gelangen. Zeitlich ist dies nach der Blüte des Löwenzahns und zeitgleich mit der Tracht von Bergahorn und Fichte.
Leguminosen im allgemeinen und insbesondere Kleearten sind auch bedeutende Pollenlieferanten für die Brut im Bienenvolk. Der Pollen von Weissklee ist gelbbraun. Die Blühdauer von Weissklee kann von Anfang Juni bis Mitte Oktober andauern. Weissklee bietet als Honigtrachtpflanze noch andere Vorteile: Die Nektarproduktion erfolgt auch bei Trockenheit und die Pflanze ist nicht kälteempfindlich, sie gedeiht daher auch in höheren Regionen.

Lavendelhonig

franz. Miel de Lavande fine, Miel de Lavandin, Miel de Lavande maritime
ital. Miele di Lavanda

Vorkommen des Honigs im Alpenraum:
Provence, Ligurien und Rhône-Alpes, in Feldkulturen, häufig; Wildlavendel in Hügelzonen, sehr selten

Der Honig

Die Farbe des Lavendelhonigs ist in flüssigem Zustand strohgelb, sobald er kristallisiert, elfenbeinfarben. Lavendelhonig kristallisiert grob und unregelmässig und wird daher häufig cremig gerührt. Der Geruch ist intensiv nach getrockneten Lavendel- und Kamillenblüten. Am Gaumen überwiegen fruchtige Aromen wie Passionsfrucht. Der Honig ist leicht säuerlich, und sein Zucker-Säure-Verhältnis ist sehr ausgewogen. Honige, die aus kultivierten Hybriden (auch «Lavandin» genannt) gewonnen werden, unterscheiden sich sensorisch leicht von den übrigen Lavendelhonigen. Lavandinhonige sind hellgelb und kristallisieren zu einer feinen und dichten Masse. Im Geruch und Geschmack sind sie intensiver, ausserdem sehr süss und länger im Abgang.

Die Pflanze

Der Lavendel, lat. *Lavandula spp.*, zählt zur Familie der Lippenblütler, *Labiatae.* Die Gattung Lavendel umfasst etwa zwanzig Arten und wird als Zier- und Heilpflanze sowie zur Parfumgewinnung genutzt. Reinsortige Lavendelhonige stammen grösstenteils von Kulturen, die mit der Hybridzüchtung *Lavandula latifolia x Lavandula angustifolia* bepflanzt sind, die auch als «Lavandin» bezeichnet wird. Diese Züchtung kann einfacher maschinell beerntet werden und weist einen höheren Gehalt an ätherischen Ölen auf. Etwa zwanzig Prozent der Lavendelkulturen der Provence sind jedoch nach wie vor mit Lavande fine, lat. *Lavandula officinalis,* bestockt. Lavendel ist ein graufilzig behaarter Strauch, der Wuchshöhen bis zu 100 Zentimeter erreichen kann. Die gegenständig angeordneten Laubblätter sind etwa 40 Millimeter lang, anfangs grau und verfärben sich später grünlich. Die violetten Blüten vereinigen sich zu einer bis zu 8 Zentimeter langen Ähre. Der Blütezeitraum reicht von Juni bis August. Die Heimat von *Lavandula officinalis* sind die Küstenregionen des Mittelmeerraums. Der Strauch wächst dort an trockenen, felsigen Kalkzonen über 700 Metern Seehöhe und erreicht vereinzelt die Waldgrenze. Einige Arten gelten als winterhart. Lavendel hat grosse bienenwirtschaftliche Bedeutung, da die Nektarabsonderung reichlich und der Blütennektar sehr zuckerreich ist. Die Lavendelfelder in der Hochebene der Provence sind beliebte Ziele von Wanderimkern. Eine weitere Lavendelart hat bienenwirtschaftliche Bedeutung, nämlich lat. *Lavandula stoechas,* auch als «Lavande maritime» oder Schopflavendel bezeichnet. Der Schopflavendel ist eine typische Pflanze der Macchienvegetation des gesamten Mittelmeerraums. Die Blüte beginnt bereits im April. Die Honige von *Lavandula stoechas,* die bereits im Mai geerntet werden können, sind dunkler und unterscheiden sich deutlich von denen der übrigen Lavendelarten.

Lindenhonig

ital. Miele di Tiglio
franz. Miel de Tilleul
slow. Lipov med

Vorkommen des Honigs im Alpenraum: Gesamter Alpenraum, in Hügelzonen, häufig

Der Honig

Anteile an Linde sind in fast allen Sommerhonigen zu finden. Auch reinsortige Honige, meist aus Parkanlagen von Städten oder aus einigen Zonen der Südalpen, sind häufig. Der Rohstoff des Lindenhonigs kann sowohl Blütennektar als auch Honigtau von pflanzensaugenden Insekten sein. Lindenhonig ist in flüssigem Zustand hellgelb und klar. Er zeigt sich nach erfolgter Kristallisation beige-bernsteinfarben mit goldgelbem Schimmer. Ist Honigtau beteiligt, so ist der Farbton dunkler. Die Naturkristalle sind gross, hart und scharfkantig. Am einfachsten erkennbar ist Lindenhonig am einzigartigen Geruch: angenehm und intensiv nach Pfefferminze, Menthol und Salbei. Von mittlerer Süsse und lang anhaltend ist auch der Geschmack am Gaumen mit Noten von Menthol und Lindenblütentee. Im langen Abgang wirkt der Honig zartbitter. Häufig ist Edelkastanie in Lindenhonig enthalten, da die natürlichen Verbreitungsgebiete und Blühzeiten der beiden Pflanzen ähnlich sind. Lindenhonige sind pollenarm, weil die Blütenstände der Linde hängend sind und der Pollen nicht so leicht in den Nektar eingestäubt wird.

Die Pflanze

Die Linde, lat. *Tilia spp.*, zählt zur Familie der Lindengewächse, *Tiliaceae*. Heimisch sind in Mitteleuropa zwei Arten: Die Winterlinde, lat. *Tilia cordata*, ist kleinwüchsiger und erreicht ein Alter von etwa 150 Jahren. Sie findet sich vor allem in Tallagen. Die Sommerlinde, lat. *Tilia platyphyllos,* ist anspruchsvoller in Bezug auf Klima und Boden. Sie benötigt tiefgründige und nährstoffreiche Böden sowie ein mässig warmes und feuchtes Klima. Die Sommerlinde wird bis zu vierzig Meter hoch und kann ein Alter von mehreren Hundert Jahren erreichen. Ihre Hauptverbreitungsgebiete sind das südliche Europa sowie Mittelgebirgslagen bis in etwa 1200 Meter Seehöhe. Sie blüht zwei Wochen vor der Winterlinde, je nach Höhenlage Mitte bis Ende Juni und spendet grössere Mengen an Nektar für die Bienen. Linden haben herzförmige Blätter und tiefe Pfahl- und Seitenwurzeln. Die Blüten bilden hängende Dolden, an denen ein längliches Flügelblatt angewachsen ist, das dem reifen Fruchtstand als Flugorgan zur weiteren Verbreitung dient. Blühende Linden ziehen aufgrund ihres intensiven Duftes und der ergiebigen Nektarmenge Bienen in grosser Zahl an. Die Nektarabsonderung der Blüten erfolgt hauptsächlich morgens und in den Abendstunden. Die gesamte Zuckerproduktion einer einzigen ausgewachsenen Linde kann beträchtlich sein. Die Nektarsekretion steht in Zusammenhang mit der Umgebungstemperatur. Sinkt diese ab, so verringert sich auch der Zuckergehalt des Nektars. Starke Honigtauausscheidung von Lindenalleen in Stadtlage kann man an der Ablagerung einer farblosen, klebrigen Substanz auf darunter parkenden Autos bemerken. Bienen sammeln an der Linde auch hellgelbe Blütenpollen. Getrocknete Lindenblüten werden in der Volksmedizin als Heiltee verwendet. Er wirkt beruhigend. Das helle und leicht bearbeitbare Lindenholz findet vielseitige Verwendung

in der Holzindustrie und ist bei Bildhauern besonders begehrt.
Die Linde galt bei den Slawen und Germanen als heiliger Baum, der besonders verehrt wurde. Linden werden auch häufig als «Dorfbäume» im Zentrum von Dörfern sowie neben Kreuzen und Bildstöcken gepflanzt.

Löwenzahnhonig

ital. Miele di Tarassaco
franz. Miel de Pissenlit
slow. Regratov med

Vorkommen des Honigs im Alpenraum:
Gesamter Alpenraum (ausser Südwestalpen),
in Hügelzonen,
häufig

Der Honig

Reinsortiger Löwenzahnhonig zeigt sich in kristallisiertem Zustand in kräftigem Dottergelb, meist ist der Farbton durch Anteile von anderen Honigsorten wie Weissklee etwas heller oder durch Waldhonig dunkler. Bedingt durch den hohen Glucosegehalt erfolgt die Kristallisation des Honigs rasch. Die Kristalle sind fein und nur bei erhöhtem Wassergehalt grobkörnig. Der Geruch ist sehr intensiv und entspricht dem einer zerriebenen Löwenzahnblüte. Am Gaumen ist Löwenzahnhonig angenehm frisch und mittelsüss. Der lange Abgang mit Noten von grünen Blättern, Kamillenblüten, Kren und weissem Pfeffer ist für den Honig charakteristisch und macht ihn leicht erkennbar. Reine Löwenzahnhonige sind rar und stammen meist aus Grünlandgebieten des Alpenvorlandes in 400 bis 600 Metern Seehöhe. In tieferen Lagen blüht Löwenzahn bereits Mitte April. Allerdings ist, bedingt durch die noch kälteren Nächte, die Nektarabsonderung gering. Zusätzlich ist der Eigenverbrauch der Bienen hoch, und da die Bienen zu diesem Zeitpunkt in voller Entwicklung stehen, muss auch immer ein ausreichender Futtervorrat im Bienenvolk verbleiben. Es darf daher nur ein Teil des Löwenzahnhonigs entnommen werden. Durch den Transport der Bienen in höher gelegene Zonen kann man quasi mit der Blüte des Löwenzahns «mitwandern». Die Blühdauer des Löwenzahns kann sich auf bis zu vier Wochen verlängern, wenn im Fluggebiet der Bienen Wiesen auf schattigen Nordhängen oder wenig besonnte Tallagen sind. Aufgrund der kurzen Blühperiode des Löwenzahns und der kühlen Temperaturen, die die Umarbeitung von Nektar zu Honig erschweren, ist die Gefahr der unvollständigen Ausreifung und eines erhöhten Wassergehalts im Honig gegeben. Zu hoher Wassergehalt beeinträchtigt die Haltbarkeit des Löwenzahnhonigs, und der Honig kann zu gären beginnen.

Die Pflanze

Der Löwenzahn, lat. *Taraxacum officinale,* gehört zur Familie der Korbblütler, *Asteraceae*. Die Korbblütler sind mit 920 Gattungen und 20 000 Arten eine der grössten Pflanzenfamilien weltweit. Charakteristisch für die Korbblütler ist, dass die Einzelblüten zu körbchenartigen Blütenständen vereinigt sind, die wie eine einzige Blüte erscheinen. Der Pollen ist für Insekten leicht verfügbar. Der Nektar muss mit dem Insektenrüssel aus der Tiefe der Blütenröhre, die bei Löwenzahn allerdings nur vier Millimeter lang ist, gesaugt werden. Löwenzahnblüten reflektieren ultraviolettes Licht und erscheinen nur für das menschliche Auge gelb, für Bienen jedoch violett. Die Blütenköpfe sind nur wenige Stunden zu Tagesbeginn geöffnet. Sie schliessen sich um die Mittagszeit und auch bei Regen und können bei anhaltendem Schlechtwetter tagelang in dieser Position ausharren. Löwenzahn ist eine der bekanntesten Pflanzen der nördlichen Halbkugel, wie eine schier unüberschaubare Zahl an regionalen Bezeichnungen für diese auffällige Blüte beweist. Die Pflanze war bereits im Altertum bekannt, jedoch nicht sehr stark verbreitet. Löwenzahn gedeiht besonders gut auf nährstoffreichen Wiesen, die stark mit Gülle gedüngt und häufig gemäht werden, und er verwandelt ganze Landstriche für kurze Zeit in ein gelbes Blütenmeer. Die Vermehrung der Pflanze erfolgt durch Samen, die mit einem Fallschirm vom Wind verfrachtet werden. Sie keimen innerhalb von wenigen Tagen und schliessen sofort Lücken in Wiesen. Löwenzahn hat eine Pfahlwurzel, die sehr tief in die Erde reicht. Die rasch wachsenden Pflanzen bilden bereits zeitig im Frühjahr Blattrosetten, und fast zugleich erscheinen schon die ersten Blüten. Als ergiebige Nektar- und Pollenpflanze ist Löwenzahn für die Bienen im Flachland und im voralpinen Bereich für die Frühjahrsentwicklung der Bienen von immenser Bedeutung. Die Blütenpollenreife erfolgt in den Nachtstunden. Der gesamte Tagesvorrat ist mit Öffnung der Blüte verfügbar und wird von den Bienen innerhalb von 10 bis 15 Minuten abgeerntet. Der gelborange Pollen an den Hinterbeinen der heimkehrenden Bienen ist gut erkennbar.

Wiesensalbei.

Die Löwenzahnblüte ist für Bienen äusserst attraktiv und führt zu einer starken Entwicklung eines Volkes. Schlechtwetterperioden während der Löwenzahnblüte können allerdings eine starke Schwarmneigung verursachen. Löwenzahn gilt als Heilpflanze bei Leber-, Gallen- und Nierenbeschwerden. Geröstete Wurzeln der Pflanze wurden früher vermahlen und als Kaffeeersatz verkauft. Die Blätter des Löwenzahns werden im zeitigen Frühjahr als erster Wildsalat geschätzt.

Luzernenhonig

ital. Miele di Erba medica
franz. Miel de Luzerne

Vorkommen des Honigs im Alpenraum:
Venetien, Lombardei (Po-Ebene) und Rhône-Alpes,
in Feldkulturen,
häufig

Der Honig

Wie Honige von anderen Leguminosenarten ist auch Luzernenhonig hellgelb, mit zartem Geruch nach Wachs und feuchtem Heu. Am Gaumen mittlere Süsse, frisch, mit leichter Säure und Aromen von gekochter Milch, die rasch verschwinden. Die Kristallisation erfolgt rasch und feinkörnig. Kristallisierter Luzernenhonig ist fast weiss.

Die Pflanze

Die Luzerne, lat. *Medicago sativa,* zählt zur Familie der Hülsenfrüchtler, *Fabaceae.* Sie stammt aus Vorderasien und ist eine der ältesten Kulturpflanzen. Die Verbreitung erfolgte durch die Araber über Spanien nach Mitteleuropa. Die Luzerne hat eine Pfahlwurzel, die bis zu fünf Meter in die Tiefe reichen kann, und benötigt warme, kalkreiche, tiefgründige Böden. Sie ist eine wichtige Futterpflanze, da sie sowohl einen hohen Gehalt an Eiweiss als auch an Mineralstoffen aufweist. Die stickstoffsammelnde Pflanze liefert viel organische Masse für den Boden und eignet sich sehr gut als Zwischenfrucht. Trotz dem grossflächigen Anbau von Luzerne sind reinsortige Honige aus mehreren Gründen selten: Zum einen benötigt die Luzerne für gute Honignektarabsonderung sehr günstige Klimabedingungen. Und zum anderen werden die Felder häufig bereits gemäht, bevor die violett- oder gelbblühende Pflanze zur Vollblüte gelangt. Ausserdem geben Honigbienen trotz reichlicher Nektarabsonderung der Luzerne anderen Trachtpflanzen den Vorzug. Dies liegt möglicherweise am Mechanismus des Blütenbaus, bei dem die anfliegenden Insekten bei der Landung auf einer Luzernenblüte einen «Schlag» von den Staubblättern erhalten.

Metcalfahonig

ital. Miele di Metcalfa
franz. Miel de Metcalfa

Vorkommen des Honigs im Alpenraum:
Südalpen, Ebene und Hügelzone,
mittlerweile selten

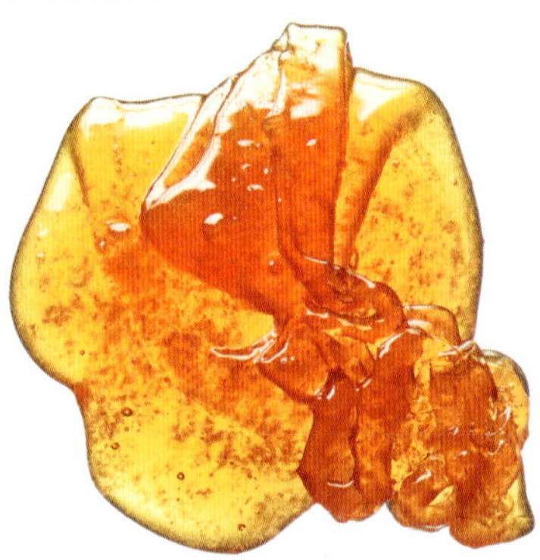

Der Honig

Metcalfahonige fallen durch hohe Enzymwerte auf, so wie alle Honige auf Basis von Honigtau generell. Enzyme sind Katalysatoren von chemischen Prozessen, ohne direkt an diesen beteiligt zu sein. Sie beschleunigen chemische Prozesse oder ermöglichen sie überhaupt erst. Die hohen Enzymwerte entstehen durch die doppelte Verarbeitung des Rohstoffs Siebröhrensaft, erst durch Honigtauerzeuger, dann durch die Biene.

Der Wassergehalt von Metcalfahonigen ist, wie bei allen Honigtauhonigen, niedrig. Die Honige haben eine hohe Viskosität. Eine Kristallisation erfolgt nur sehr langsam. Die Farbe von Metcalfahonigen ist sehr dunkel, fast schwarz. Der Geruch ist von mittlerer Intensität mit pflanzlichen Aromen. Im Geschmack sind sie sehr süss mit Noten von Malz, Caramel und Feigenmarmelade. Metcalfahonige sind von Nektarhonigen sehr einfach, von anderen Honigtauhonigen, insbesondere von Fichtenhonigen, nicht immer so leicht zu unterscheiden.

Das Insekt
Metcalfa pruinosa, die Bläulingszikade, ist eine Zikadenart innerhalb der Familie der Schmetterlingszikaden, *Flatidae*. Das aus Nordamerika stammende Insekt wurde wahrscheinlich mit Holzimporten eingeschleppt und tritt als Neozoon auf. Im Jahre 1979 wurde das Insekt in der Region von Treviso erstmals in Italien dokumentiert. Die explosionsartige Ausbreitung erfolgte aufgrund des Fehlens von natürlichen Feinden und der hohen Anpassungsfähigkeit an Kultur- und Spontanpflanzen. Die ersten Honige hatten Absatzprobleme, da Konsumenten, die helle Nektarhonige wie Akazie oder Klee schätzten, mit diesem neuen Honigtyp wenig anzufangen wussten. Zudem hatten die Imker das Problem, dass die Quelle dieses neuen Honigs keiner Pflanze zugeordnet werden konnte. Im Gegensatz zu allen Sortenhonigen, die den Namen der Pflanze tragen, an der die Bienen Nektar oder Honigtau sammeln, trägt dieser Honig den Namen des Insekts, das den Honigtau produziert. Dieser Unterschied erklärt sich durch die Gefrässigkeit des Insekts beziehungsweise die Fähigkeit, an zahlreichen Kultur- und Wildpflanzen zu parasitieren.
Honigtauhonige von Metcalfa stammen vor allem aus den Ebenen Norditaliens. Der Produktionszeitraum umfasst die warmen Monate Juli und August und setzt ein Fehlen von ergiebigen Trachtpflanzen wie Sonnenblume, Klee, Goldrute und Luzerne voraus.
Seit in den letzten Jahren biologische Bekämpfungsmassnahmen durch den Einsatz von Frassfeinden durchgeführt wurden, scheint das Neozoon *Metacalfa pruinosa* weitgehend verschwunden zu sein und spielt bienenwirtschaftlich keine grosse Rolle mehr.

Minzehonig

ital. Miele di Menta
franz. Miel de Menthe

Vorkommen des Honigs im Alpenraum:
Piemont, in Feldkulturen,
selten

Der Honig
Das Farbspektrum von flüssigem Minzehonig reicht von dunklem Beige bis Hellbraun und zeigt rötliche Reflexe. Der Honig kristallisiert nur sehr langsam und wird meistens im flüssigen Zustand verkauft. Im Duft ist die botanische Herkunft deutlich erkennbar: intensive Pfefferminzaromen. Am Gaumen intensiv, verdeckte Süsse, leicht bitter. Im Abgang Aromen von Dörrzwetschgen.

Die Pflanze
Die Minze, lat. *Mentha spp.*, zählt zur Familie der Lippenblütler, *Labiatae*. Die meisten der weltweit etwa dreissig Minzenarten kommen auf der Nordhalbkugel vor und lieben feuchte Standorte. Die Pflanze wird aufgrund ihres hohen Gehalts an ätherischen Ölen häufig zur Teebereitung verwendet. Die bekannteste Art ist die Pfefferminze, lat. *Mentha x piperita*. Sie hat den höchsten Gehalt an Menthol. Die Vermehrung erfolgt durch Stecklinge oder Ausläufer, da die Pflanze steril ist. Die Pfefferminze ist ausdauernd und liebt humusreiche, feuchte Böden in warmer, windgeschützter und sonniger Lage. Nennenswerte Anbauflächen von Pfefferminze finden sich in Piemont und in den Ländern des Balkans. In Österreich gilt auch die Rossminze, lat. *Mentha longifolia*, als wichtige Bienentrachtpflanze. Daneben ist noch *Mentha aquatica*, die Wasserminze, erwähnenswert, da ihr Blütennektar besonders hohe Werte an Vitamin C aufweist. Sie kommt vor allem an moorigen Standorten in Nordeuropa vor. Minzearten sind an vielen Honigen des Alpenraums beteiligt, reinsortige Honige sind jedoch selten und auf wenige Gebiete mit feldmässigem Anbau von Pfefferminze beschränkt. Wie andere Lippenblütler sondert auch die Minze nur geringe Mengen an Pollen ab.

Perückenstrauchhonig

ital. Miele di Sommaco
slow. Rujevo Mano med

Vorkommen des Honigs im Alpenraum:
Friaul, in karstigen Hügelzonen,
selten

Der Honig
In den Honigtauhonigen des Karstes finden sich häufig Anteile von Perückenstrauch. Reinsortige Honige sind selten zu finden. Die botanischen Quellen des Perückenstrauchhonigs sind sowohl Blütennektar als auch Honigtau von saugenden Insekten. Die Honige sind pollen-

reich und haben zugleich einen bedeutenden Anteil an Pilzsporen, wie sie für Honigtauhonige typisch sind. Der Honig ist zähflüssig mit Tendenz zur baldigen Kristallisation. Seine Farbe ist dunkelbernstein bis fast schwarz mit grünlichem Schimmer. In kristallisiertem Zustand ist der Honig dunkelbraun. Der Geruch nach Malz und caramellisiertem Zucker ist von mittlerer Intensität. Am Gaumen ist Perückenstrauchhonig mild mit Aromen von Caramel, Trockenfrüchten und Bierhefe.

Die Pflanze

Der Perückenstrauch, lat. *Cotinus coggygria*, zählt zur Familie der Sumachgewächse, *Anacardiaceae*. Die Pflanze ist im gesamten Mittelmeergebiet, insbesondere im Gebiet des Karstes weit verbreitet und im Spätherbst wegen der auffälligen Gelb- und Rotfärbung seiner Blätter leicht erkennbar. Sie gedeiht auf sonnigen, trockenen und steinigen Böden, wobei kalkhaltige Standorte bevorzugt werden. Der Perückenstrauch kann eine Wuchshöhe von bis zu fünf Metern erreichen. Der Blütezeitraum reicht von Mai bis Juli. Die Bezeichnung Perückenstrauch bezieht sich auf die langen, violetten Haare, die auf den Fruchtstielen wachsen und die Früchte umgeben.

Phaceliahonig

ital. Miele di Facelia
franz. Miel di Phacelie

Vorkommen des Honigs im Alpenraum:
Lombardei, in Feldkulturen,
selten

Der Honig

Reinsortige Honige von Phacelia sind rar und stammen nur aus grossen Feldkulturen. Der Honig ist sehr pollenreich. Eine weitere analytische Auffälligkeit ist der hohe Gehalt an Frucht- und Rohrzucker. Der Honig ist in flüssigem Zustand hellgelb. Er kristallisiert sehr hart und feinkörnig. Die pflanzlichen Geruchsaromen sind schwach ausgeprägt. Am Gaumen ist Phaceliahonig sehr süss mit Aromen von grünem Gemüse und Bienenwachs, die rasch verschwinden.

Die Pflanze

Phacelia, lat. *Phacelia tanacetifolia*, zählt zur Familie der Wasserblattgewächse, *Hydrophyllaceae*. Die in unseren Breiten vor allem als Gründüngungspflanze angebaute Phacelia stammt aus Nordamerika und wurde Mitte des 19. Jahrhunderts eingeführt. Die krautige Pflanze, die eine Höhe von etwa siebzig Zentimeter erreichen kann, gedeiht am besten auf sandigen Lehmböden. Die Aussaat erfolgt von März bis Juni. Nach etwa zwei Monaten beginnt die Blüte. Das Nektarium liegt am Blütenboden ringförmig um den Fruchtknoten, und die Staubblätter ragen weit aus der Blüte hervor. Der Honigwert von Phacelia wird auf etwa 300 Kilogramm pro Hektare geschätzt. Neben Nektar finden die Bienen auch viel Pollen in der Phaceliablüte. Die Pollen sind den ganzen Tag verfügbar und werden von den Bienen in dunkelblauen Höschen gesammelt.

Rapshonig

ital. Miele di Colza
franz. Miel de Colza
slow. Med Oljna ógrščic

Vorkommen des Honigs im Alpenraum:
Nord- und Ostalpenraum, in Feldkulturen,
sehr häufig

Der Honig

Rapshonig wird selten reinsortig als solcher verkauft. Er ist meist Teil von Frühlingsblütenhonigen. In Gegenden mit grossen Feldkulturen können die Produktionsmengen beträchtlich sein. Rapshonig kristallisiert aufgrund des hohen Glucoseanteils sehr rasch. Die auffallend helle Färbung des Honigs ist charakteristisch: in flüssigem Zustand hellgelb, in kristallisiertem Zustand weiss mit grauem Stich. An gekochtes Weisskraut erinnernder, leicht derber Geruch mit floralen Aromen; am Gaumen seidig weich, sehr cremige, schmalzartige Konsistenz, ausgeprägte Süsse, kaum Säure, geringe Intensität des Geschmacks. Kaum Nachgeschmack.

Die Pflanze

Raps, lat. *Brassica napus*, zählt zur Familie der Kreuzblütler, *Brassicaceae*. Die Pflanze ist seit langem in Regionen verbreitet, in denen keine anderen Ölfrüchte wie Oliven

oder Mohn bekannt waren. Im Mittelalter diente Raps vorwiegend zur Erzeugung von Lampenöl. Die ältesten Funde von Rapssamen in Mitteleuropa reichen bis in die Zeit der Germanen zurück.
Die Bienen begegnen dem Raps zu zwei Zeitpunkten in ihrem Arbeitsjahr. Zum einen als bereits im August des Vorjahres gesäte Feldkultur. Aus diesem Raps entsteht dann das Speiseöl. Zum anderen dient Raps auch als Gründüngungspflanze nach der Getreideernte. Insbesondere im ersten Fall sind die Felder bei den Wanderimkern sehr begehrt, da der Raps über einen längeren Zeitraum zuverlässig Pollen und Nektar liefert. Aufgrund der frühen Blüte im April führt dies zu einer explosionsartigen Entwicklung des Bienenvolkes mit starker Brut- und Bautätigkeit. Meist können die Honigüberschüsse als ausgiebige Frühjahrstracht geerntet werden. Allerdings werden in den letzten Jahren verstärkt Hybridsorten angebaut. Diese Hybridzüchtungen produzieren wenig Nektar und liefern den Bienen kaum Pollen. Dabei hat die Gegenwart von Bienen im Rapsfeld für beide Seiten einen grossen Nutzen: Der Landwirt hat durch eine gute Bestäubung einen höheren Ertrag und der Imker stark entwickelte Völker und eine ergiebige Honigernte. Durch intensive Pflanzenschutzmassnahmen ist die Gefahr der Kontamination des Rapshonigs mit Rückständen von Pestiziden gross.

Rosmarinhonig

ital. Miele di Rosmarino
franz. Miel de Romarin

Vorkommen des Honigs im Alpenraum:
Provence, in Küstennähe,
selten

Der Honig

Rosmarinhonig ist als Sorte schwer zu erkennen, da sich im Honig der intensive Duft der Blüte nicht wiederfindet. Flüssiger Rosmarinhonig ist hellgelb und elfenbeinfarben, sobald er kristallisiert. Die Kristallisation erfolgt langsam und sehr feinkörnig. Im Geruch ist der Honig wenig intensiv mit zarten Anklängen von Gewürzkräutern. Am Gaumen ist er elegant, sehr süss und hat wenig Säure. Die Aromen erinnern an Bittermandel und frisch gemahlenes Mehl. Rosmarinhonig verschwindet rasch vom Gaumen. Durch den frühen Erntezeitpunkt dieses Frühlingshonigs ist die Gefahr eines hohen Wassergehalts und einer beginnenden Gärung im Honig hoch.

Die Pflanze

Der Rosmarin, lat. *Rosmarinus officinalis*, zählt zur Familie der Lippenblütler, *Labiatae*. Die Pflanze ist gemeinsam mit Lavendel typisch für die Spontanflora der Garrique an den Küsten des Mittelmeeres. Rosmarin bevorzugt sonnige, trockene und kalkreiche Standorte. Der immergrüne, stark verzweigte Strauch duftet sehr intensiv und erreicht eine Höhe von bis zu zwei Metern. Die kleinen hellblauen oder weissen Blüten können das ganze Jahr über entstehen, die Hochsaison der Blüte ist jedoch zu Beginn des Frühlings. Die Frucht ist eine kleine Kapsel mit intensivem Duft nach Weihrauch und Kampfer. Das ätherische Öl, das aus den Blättern gewonnen wird, findet Verwendung in Kosmetikprodukten. Rosmarin war bei mehreren Völkern der Antike das Symbol der Unsterblichkeit.

Rosskastanienhonig

Vorkommen des Honigs im Alpenraum:
Stadtgebiete (Wiener Prater),
sehr selten

Der Honig

Die Rosskastanie ist an vielen Frühlingshonigen beteiligt. Reinsortige Honige sind jedoch selten und kommen nur in Stadtgebieten vor. Ein hoher Anteil an Rosskastanienpollen in einem Honig spricht meistens für eine Herkunft des Honigs aus der Nähe von städtischen Parkanlagen. Der Honig hat einen hellen, rötlichbraunen Farbton und bleibt sehr lange flüssig. Am Gaumen ist er zartbitter und hat einen raschen Abgang.

Die Pflanze

Die Rosskastanie, lat. *Aesculus hippocastanum*, gehört zur Familie der Rosskastaniengewächse, *Hippocastanaceae*. Die Namensgleichheit mit der Edelkastanie beruht auf einer Ähnlichkeit der Samen der Rosskastanie mit den Früchten der Edelkastanie. Dennoch gehören beide Pflanzen gänzlich verschiedenen Familien an. Der Name «Rosskastanie» ist seit dem 16. Jahrhundert bezeugt und bezieht sich auf die Samen, die vom türkischen Heer als Heilmittel für Pferdekrankheiten verwendet wurden. Das natürliche Verbreitungsgebiet der Rosskastanie erstreckt sich in einem weiten Bogen von Mittelasien bis in den Balkan. Samenfunde in der Braunkohle beweisen, dass die Gattung *Aesculus* schon in einer früheren Erdperiode in Mitteleuropa heimisch war. Die heutigen Bestände von der Gewöhnlichen Rosskastanie stammen von Samen, die im Jahre 1576 von Konstantinopel nach Wien gebracht und vom Botaniker Carolus Clusius erstmals ausführlich beschrieben wurden. Die exotische Blüte des Baumes traf den Geschmack der Zeit und fand rasche Verbreitung in fürstlichen Gärten. Seit dem 18. Jahrhundert wird die Rosskastanie schliesslich verbreitet als Alleebaum gepflanzt und prägt seither viele Stadtlandschaften, wie etwa den Wiener Prater. Leicht zu unterscheiden von der weissblühenden Rosskastanie, *Aesculus hippocastanum*, ist die schwächer wüchsige und rotblühende Art *Aesculus pavia*, die aus Nordamerika stammt. Die Blütezeit des bis zu 30 Meter hohen Baumes, der bis zu 200 Jahre alt werden kann, beginnt Ende April und dauert etwa zwei Wochen. Er blüht erstmals nach etwa zehn Jahren. Die auffälligen Blütenstände (auch Kerzen genannt), in denen männliche, weibliche und zwittrige Blüten gemeinsam vorkommen, sondern grosse Mengen hochkonzentrierten Nektars ab und werden überwiegend von Bienen und Hummeln besucht. Der Honigwert grösserer Rosskastanienbestände ist beträchtlich und wird auf 400 Kilogramm pro Hektare geschätzt. Die Pollen werden von den Bienen in grossen violetten Höschen eingetragen, die ein Gewicht von 11 Milligramm erreichen können. Die Pollenernte beginnt frühmorgens und endet in den Nachmittagsstunden. Mit einem Stickstoffanteil von 5,75 Prozent zählen die Rosskastanienpollen zu den stickstoffreichsten Pollenarten. Die Ernte von Nektar und Pollen erfolgt getrennt, das heisst, die Bienen fliegen entweder auf Nektar oder auf Pollen. Eine weitere Bedeutung für die Bienen haben die riesigen, mit einer dicken Harzschicht überzogenen Knospen der Rosskastanien. An ihnen sammeln die Bienen die Rohstoffe für Propolis, das als Kittharz und Desinfektionsmittel im Bienenstock Verwendung findet. Der stärkste Eintrag von Propolis erfolgt im Spätsommer und im Herbst von den Winterknospen. In der Humanmedizin finden die Samen der Rosskastanie – dank dem Wirkstoff Aescin – Verwendung als Naturheilmittel bei Venenerkrankungen wie Krampfadern sowie bei Hämorrhoiden und Arteriosklerose. Viele Rosskastanienbestände sind von der Miniermotte bedroht. Dieser Schädling, der seit 1989 auch in Österreich anzutreffen ist, führt durch Frassschäden an den Blättern zu einer Braunfärbung und in Folge zu einem vorzeitigen Verwelken bereits im Sommer. Dadurch wird die Photosyntheseleistung der Blätter geschwächt, und die Früchte von stark befallenen Bäumen bleiben deutlich kleiner. Allerdings konnte noch kein völliges Absterben der Bäume beobachtet werden. Teilweise treiben befallene Bäume im Spätsommer nochmals aus und bilden auch vereinzelt Blüten.

Schneeheidehonig

ital. Miele di Erica carnea

Vorkommen des Honigs im Alpenraum:
Friaul, Gebirge,
sehr selten

Der Honig

Reinsortige Honige von der Schneeheide sind äusserst selten und kommen nur in wenigen Regionen der Südalpen vor. Meist ist *Erica carnea* Teil von Blütenhonigen aus dem Gebirge. Der Nektar von frühblühenden Südhängen wird von den Bienen meist restlos verbraucht, und nur der Ertrag von später blühenden Schattenhängen kann in manchen Jahren als Honig geerntet werden. Honige von der Schneeheide sind hellgelb und zeichnen sich durch ein intensiv-fruchtiges Aroma aus. Sie wirken sehr süss. Im Vergleich zu anderen Erika-Arten fehlt jedoch die leicht bittere Note am Gaumen. Die Honige sind reich an Fermenten.

Die Pflanze

Die Schneeheide, lat. *Erica carnea*, zählt zur Familie der Heidekrautgewächse, *Ericaceae*. Der Zwergstrauch ist nicht sehr wählerisch in Bezug auf den Boden und daher häufig anzutreffen. Im Sommer werden bereits die Blütenanlagen für das nächste Jahr gebildet, die sich mit den ersten warmen Sonnenstrahlen rasch öffnen. Die Pflanze blüht je nach Höhenlage von Januar bis Juli und wird von den Bienen sehr lebhaft auf Nektar und Pollen beflogen. Die Schneeheide ist von grosser Bedeutung für die Ent-

Durchwachsene Silphie.

wicklung der Bienen nach schneereichen Wintern. *Erica carnea* ist ein typischer Bestandteil des Krummholzgürtels der Alpen und bevorzugt sonnige und warme Standorte. Die Verbreitung der Pflanze geht nur wenig über den Alpenraum hinaus. Die Schneeheide war massgeblich am wirtschaftlichen Erfolg der Imkerei in Slowenien gegen Ende des 19. Jahrhunderts beteiligt. Die zu frühen Schwärmen neigende Carnica-Biene wurde von slowenischen Imkern in einfach und billig gefertigten horizontalen Bauernkästen gehalten und gleich miteinander verkauft. Die Ost-West-Erstreckung vieler südalpiner Täler mit starkem Vorkommen an *Erica carnea* bot den Bienen bereits im zeitigen Frühjahr eine ergiebige Futterquelle. Während in anderen Alpentälern die Winterverluste erst offenbar wurden, gab es in der Krain bereits die ersten Schwärme.

Silphienhonig

Vorkommen des Honigs im Alpenraum:
Allgäu, in Feldkulturen,
sehr selten

Der Honig

Reinsortige Honige im Alpenraum sind rar. Der Farbton von Silphienhonig ist hell-bernsteinfarben, wird der Honig cremig gerührt, dunkelgelb. In der Nase überwiegen florale Töne. Am Gaumen ist der Honig stark parfümiert und erinnert an Aleppo-Seife. Die Kristallisation in groben Körnern erfolgt innerhalb von einigen Wochen. Silphienhonig wird daher meist cremig gerührt.

Die Pflanze

Die Durchwachsene Silphie, lat. *Silphium perfoliatum*, zählt zur Familie der Korbblütler, *Asteraceae*. Es handelt sich dabei um eine mehrjährige Kulturpflanze, die ursprünglich aus Nordamerika stammt. Seit einigen Jahren wird sie in Mitteleuropa als Energiepflanze für Biogasanlagen angepflanzt. Honigrelevante Bestände von etwa 200 Hektaren an *Silphium perfoliatum* gibt es auf der Schwäbischen Alp im Allgäu. Dieser Pflanzenbestand ist zwischen zwei und zehn Jahren alt und dient vorerst vor allem zur Saatgutgewinnung. Die Blütezeit der Pflanze beginnt Ende Juni und endet erst Ende September. Nektar und Pollen der Silphie werden nicht nur von Bienen, sondern auch von vielen anderen Insekten gesammelt. Die Pflanze stellt eine wesentliche Bereicherung des Nahrungsangebotes für blütenbesuchende Insekten im Spät- und Hochsommer dar. Sollte diese spätblühende Honigtrachtpflanze weitere Verbreitung finden, könnte Silphienhonig auch eine interessante Erweiterung des Angebots an Sortenhonigen sein.

Sonnenblumenhonig

ital. Miele di Girarole
franz. Miel de Tournesol

Vorkommen des Honigs im Alpenraum:
Süd- und Ostalpenraum, in Feldkulturen,
häufig

Der Honig

Sonnenblumenhonig ist einer der häufigsten Honige aus Feldkulturen. Er kristallisiert aufgrund des hohen Glucosegehalts sehr rasch und entwickelt eine harte, feinkörnige Konsistenz. Er wird daher meist cremig gerührt. Charakteristisch ist seine auffällig dottergelbe Farbe. Anregender Geruch nach würzigen Sommerkräutern, Heu und Blütenpollen prägen das Aroma. Am Gaumen zeigt sich erst ein Eindruck von Frische – dieser ist den hohen Säurewerten zu verdanken, um dann in eine verhaltene Süsse überzugehen. Im Abgang Noten von Salbei und kandierten Südfrüchten, wobei er von mittlerer Länge ist. An einem Charakteristikum sind Sonnenblumenhonige leicht zu erkennen: Nach dem Schlucken erzeugt die Säure des Honigs durch Reizung der Schleimhäute einen leichten Hustenreiz. Eine weitere Besonderheit von Sonnenblumenhonig (und einiger anderer Crèmehonige mit guter Ausreifung und geringem Wassergehalt) ist die Bildung von weissen Flecken auf dem Glas. Sie erfolgt meist bei Lagerung unter tiefen Temperaturen. Dabei zieht sich der Honig zusammen, verringert sein Volumen und löst sich vom Glas. Diese Stellen treten als weisse Flecken in Erscheinung, die jedoch die Qualität des Honigs nicht beeinträchtigen.

Die Pflanze

Die Sonnenblume, lat. *Helianthus annuus,* ist eine einjährige Pflanze und zählt zur Familie der Korbblütler, *Asteraceae.* Die Heimat der Sonnenblume ist Nordamerika. Seit dem 17. Jahrhundert wird sie auch in Europa gepflanzt. Von den insgesamt über fünfzig Helianthus-Arten hat neben der Sonnenblume noch eine zweite Spezies Bedeutung erlangt: Topinambur, lat. *Helianthus tuberosus.* Die Sonnenblume dient als Grünfutterpflanze und ist Öl- sowie Samenlieferant. Die jungen Pflanzen wachsen sehr schnell und brauchen kräftige, stickstoffreiche Düngung, viel Sonne und ausreichend Wasser. Der auffällige Blütenkorb der Sonnenblume kann einen Durchmesser von bis zu vierzig Zentimetern erreichen. Er besteht aus Tausenden kleinen Röhrenblüten. Die Sonnenblume hat einen bemerkenswerten Mechanismus zur Verhinderung der Selbstbestäubung entwickelt, die sogenannte Protandrie: Bei Öffnung der Blüten tritt zuerst der Pollen hervor, der vom Griffel durch die Blütenröhre nach aussen geschoben wird. Erst nach Abernten des Pollens durch die Bestäubungsinsekten spreizen sich die beiden Narbenäste auseinander, und die Bestäubung mit blütenfremdem Pollen kann erfolgen. Die Quelle des Nektars, das Nektarium, liegt auf dem Blütengrund. Wegen Unterschieden bei der Länge der Röhrenblüte ist der Nektar nicht bei allen Sonnenblumensorten für Honigbienen zugänglich. Das Abblühen der Scheibe beginnt von aussen nach innen. Der Blühbeginn für Sonnenblumen ist Anfang Juli, die Blühdauer beträgt etwa zwei Wochen. Später gepflanzte Felder können die Trachtdauer stark verlängern. Für Imker sind die Sonnenblumenkulturen von grosser wirtschaftlicher Bedeutung, da sie einerseits die Honigsaison verlängern und anderseits eine bedeutende Ernte ermöglichen. Zusätzlich können sich die Bienen durch die Sonnenblume einen Vorrat an gut verdaulichem Winterfutter verschaffen. Von der Bestäubung der Felder mit Bienen profitieren auch die Landwirte. Das Abreifen der Felder erfolgt gleichmässiger und die Hektarerträge sind höher. Bemerkenswert ist die Fähigkeit der jungen Sonnenblumenpflanze, ihre Blüten in Richtung Sonne zu drehen. Der Mechanismus wird von Phytohormonen gesteuert, die durch eine Änderung des Wassergehalts in den Zellen ein Drehen des Blütenkorbes ermöglichen. Die eindrucksvolle Blüte, die in Farbe und Form charakteristisch ist, hat unzählige Künstler inspiriert. Berühmt sind die Sonnenblumenbilder von Van Gogh. In den sechziger Jahren des letzten Jahrhunderts war die Sonnenblume das Symbol der Hippie-Bewegung.

Sorbushonig

ital. Miele di Sorbo montano

Vorkommen des Honigs im Alpenraum:
Friaul, in Bergzonen,
sehr selten

Der Honig

Meist ist der Nektar von der Mehlbeere oder der Eberesche ein Teil von Frühlingsblütenhonigen. Reinsortige Sorbushonige sind sehr selten. Der Honig ist hell-bernsteinfarben mit geringer Tendenz zur Kristallisation. In der Nase feine Fruchtaromen von Mango und Maracuja, die sich auch im Geschmack wiederfinden. Sorbushonig hat am Gaumen kaum Säure und keine Bittertöne. Milde Süsse dominiert den kurzen Abgang.

Die Pflanze

Die Eberesche, lat. *Sorbus aucuparia*, zählt zur Familie der Rosengewächse, *Rosaceae.* Sie ist ein sehr anspruchsloser Baum und gedeiht auf fast allen Bodenarten in ganz Europa, von der Tiefebene bis auf 2000 Meter hinauf. Die Eberesche bildet jedoch nur selten grössere Bestände, sondern tritt meist einzeln oder in lichten Wäldern in Erscheinung. Der Baum erreicht eine Höhe von maximal 15 Metern. Die weissen Blüten erscheinen ab Mai, und bereits im Juli trägt der Baum seine auffälligen scharlachroten Fruchtdolden. Die vitaminreichen Früchte sind essbar und werden besonders gerne von Vögeln verzehrt, die dann in Folge auch für die Verbreitung der Samen sorgen. Die Bienen finden in den Blüten der Eberesche nicht nur Nektar, sondern sammeln davon auch grünlichgrauen Pollen. Die Nektarproduktion einer Blüte wird in der Literatur mit 0,3–0,8 Milligramm angegeben und ist somit ähnlich hoch wie bei der Kirschblüte. Der Eberesche ähnlich, jedoch vor allem in den Südalpen von bienenwirtschaftlicher Bedeutung, ist der Mehlbeerbaum, lat. *Sorbus aria.* Er ist vor allem in sonnigen, trockenen und kalkreichen Gegenden häufig. Er hat braune Früchte, und die Unterseite der Blätter ist weiss verfilzt.

Steinweichselhonig

ital. Miele di Marasca
slow. Rešelikov med

Vorkommen des Honigs im Alpenraum:
Slowenien, Friaul, in karstigen Hügelzonen,
selten

Der Honig

Reine Steinweichselhonige sind sehr rar und werden nur in der Karstregion Sloweniens und jenseits der Grenze im italienischen Karst erzeugt. Die Farbe des Honigs ist hellbraun mit rötlichem Einschlag. Steinweichselhonig wird meist in flüssiger Form verkauft, neigt jedoch nach einiger Zeit zur feinkörnigen Kristallisation. Der Geruch nach Kirschblüten und gerösteten Mandelkernen ist intensiver als der von Vogelkirschhonig. Am Gaumen ist Steinweichselhonig sehr intensiv, süss mit kaum wahrnehmbarer Säure und leicht bitter mit Noten von Bittermandeln.

Die Pflanze

Die Steinweichsel, lat. *Prunus mahaleb*, zählt wie die Vogelkirsche zur Familie der Rosengewächse, *Rosaceae*. Der Name «mahaleb» stammt aus dem Vorderen Orient und ist die Bezeichnung für ein altes, regional weitverbreitetes Gewürz auf Basis der geschälten und vermahlenen Samenkerne der Steinweichsel. Geschmacksbestimmend für das vanilleähnliche Aroma ist ein bedeutender Gehalt an Cumarin. Daneben kommen in den Samenkernen auch Blausäureglykoside vor, die jedoch nicht gesundheitsschädlich sind.
Die Steinweichsel wächst in ihrer Wildform als Strauch oder halbhoher Baum und erreicht eine Wuchshöhe von maximal 6 Metern. Steinweichseln lieben trockene und sonnige Standorte. Grosse Verbreitung finden sie im Gebiet des Karstes. In Form der pannonischen Unterart *Prunus mahaleb ssp. simonkaii* kommt die Steinweichsel aber auch in der Region um Baden, südlich von Wien, vor. Die Blütezeit der Pflanze ist Mitte April. Die Blüten duften sehr stark und locken viele Insekten, unter anderem auch die Honigbienen, an. Die Früchte bleiben klein und sind schwarz. Ihre Geniessbarkeit ist umstritten, da die Ansichten von giftig über extrem bitter bis hocharomatisch und wohlschmeckend gehen. Früher diente die Steinweichsel auch als Unterlage für die Veredelung von Steinobst. Eine weitere Besonderheit der Steinweichsel ist das ebenfalls nach Cumarin duftende Holz, das zur Erzeugung von Gebrauchsgegenständen wie Pfeifen, Gehstöcken und Regenschirmgriffen verwendet wurde.

Strandfliederhonig

ital. Miele di Limonium

Vorkommen des Honigs im Alpenraum:
Lagunen um Venedig,
sehr selten

Der Honig

Die Farbe des Strandfliederhonigs ist dunkelgelb bis orange. Der Honig hat eine Tendenz zu rascher grobkörniger Kristallisation. Der Geruch ist intensiv mit Aromen von Pilzen und Früchten und erinnert an den Duft der Lagunen während der Vollblüte des Strandflieders. Der Geschmack des Honigs ist leicht bitter und salzig. Strandfliederhonig ist reich an Mineralstoffen und Enzymen.

Die Pflanze

Der Strandflieder, lat. *Limonium spp.*, zählt zur Familie der Bleiwurzgewächse, *Plumbaginaceae*. Die Pflanze ist ein mehrjähriger Halbstrauch mit einer Wuchshöhe von 10 bis 50 Zentimetern. Limonium ist die wichtigste Bienentrachtpflanze in den Salzwiesen und -sümpfen in den Lagunen von Venedig und Chioggia. Diese werden periodisch von Salzwasser überflutet und bilden den natürlichen Übergang zwischen Land und Meer. Auf den von den Gezeiten geprägten Weichsubstratböden gedeiht eine Salzpflanzenvegetation, die an Überflutung und hohe Salzkonzentration im Boden angepasst ist. Zur Hauptblütezeit im Juli und August verwandelt der Strandflieder die Lagunenlandschaft in ein lila Blütenmeer. Zusätzlich finden die Bienen in der Barena auch Nektar und Pollen von Meersenf, Tamariske, Akazie, Brombeere, Weissklee, Bastardindigo, Strandaster, Alant und Sacrocornia. Auf Magerwiesen und Sandzonen, die an die Lagune grenzen, besuchen die Bienen ausserdem Blüten von sandliebenden Pflanzen wie Gamander, Nachtkerze und Spargel. Ein Mischblütenhonig aus den Lagunen von Venedig wird als «Miele di Barena» bezeichnet.

Tannenhonig

ital. Melata di Abete bianco
franz. Miel de Sapin pectine
slow. Hojev med

Vorkommen des Honigs im Alpenraum:
Emmental (CH), Entlebuch (CH), Schweizer Jura, Bregenzerwald (A), Bachergebirge und Gotscheer Bergland (Slo), in Bergzonen,
häufig

Der Honig

Honige der Tanne sind dunkel-bernsteinfarben mit grünlichem Schimmer und geringer Tendenz zur Kristallisation. Sie zeichnen sich durch einen intensiven Duft nach Balsamessig, Harz und sonnengerösteten Tannennadeln aus. Am Gaumen bestätigen eine verdeckte Süsse und die Würze von Harz den Gesamteindruck. Im Finale Malz, Caramel und Aromen von kandierten Orangenzesten, keine Bittertöne. Tannenhonige haben einen langen Abgang.

Die Pflanze

Die Weisstanne, lat. *Abies alba*, zählt wie die Fichte, lat. *Picea abies*, zur Familie der Kieferngewächse, *Pinaceae*. Die Weisstanne ist in Süd- und Mitteleuropa beheimatet. Sie bildet im Schwarzwald und in den Vogesen geschlossene Wälder. Weisstannen haben eine Pfahlwurzel im Gegensatz zu Fichten, die ein tellerförmig ausgebreitetes Wurzelsystem besitzen. Die Tanne hat flache Nadeln und ausschliesslich horizontale Verzweigungen. Tannen sind Gymnosperme (Nacktsamer), die Samenanlagen liegen frei auf den Fruchtblättern. Es fehlen Blütenblätter, Fruchtknoten und Narbe. Die Nadelhölzer sind zum grössten Teil einhäusig, männliche und weibliche Blüten befinden sich auf denselben Individuen. Die männlichen Blüten bilden Zäpfchen, die eine grosse Zahl an Staubblättern mit Pollensäcken tragen. Die Bestäubung erfolgt durch den Wind. Der Pollen der Weisstanne wird von je zwei Luftsäcken getragen, die das Schweben in der Luft und die Verbreitung erleichtern. Zur Zeit der Waldblüte schweben gelbliche Pollenwolken über den Wipfeln, nach Regenschauern findet sich der Waldpollen auf dem Boden. Nadelholzpollen wird trotz der riesigen Produktionsmenge von Bienen selten gesammelt. Bei Fütterungsversuchen erwies sich, dass er die Lebensdauer der Bienen verkürzt. Gute Tannenstandorte für Bienen finden sich vor allem auf Seehöhen um 700 bis 1000 Meter. In höheren Lagen und inneralpinen Trockengebieten honigen die Nadelgehölze nur selten und meist nicht sehr ergiebig.

Thymianhonig

franz. Miel de Thym
ital. Miele di Timo

Vorkommen des Honigs im Alpenraum:
Provence, Lombardei, Aostatal und Piemont,
in Hügelzonen,
selten

Der Honig

Die Farbe des Thymianhonigs ist rötlichbraun. Die Kristallisation erfolgt rasch und grobkörnig. Kristallisierter Thymianhonig hat einen beigen Farbton. Bereits in der Nase fällt der markante Geruch nach Gewürzkräutern auf. Im Geschmack folgt der für Thymianhonige typische Thymolton, der diesen Honig leicht erkennbar macht und lange am Gaumen bleibt. Zusätzlich bemerkbar ist eine markante Säure, die die Süsse des Honigs verdeckt. Bereits in der Antike waren Thymianhonige vom Mont Hybla in Sizilien sehr geschätzt.

Die Pflanze

Der Echte Thymian, lat. *Thymus vulgaris*, zählt zur Familie der Lippenblütler, *Labiatae*. Die weitverbreitete Heil- und Gewürzpflanze ist ein mehrjähriger Halbstrauch, der eine Wuchshöhe von bis zu zwanzig Zentimetern erreichen kann. Die Blüten sind weiss bis rosafarben. Der Blühzeitraum umfasst Mai bis Oktober. Ursprünglich stammt *Thymus vulgaris* aus dem westlichen Mittelmeerraum. Die Pflanze gedeiht am besten auf trockenen, kalkhaltigen Böden und benötigt heisse Sommer. Sie ist gemeinsam mit Bohnenkraut, Lavendel und Rosmarin eine typische Pflanze der Garrique in den Südwestalpen. An sonnigen, warmen Orten ist Thymian jedoch in ganz Mitteleuropa zu finden. Aus den Blättern des Thymians gewinnt man Thymol, ein ätherisches Öl, dem antibakterielle Wirkung zugeschrieben wird.

Zitrushonig

ital. Miele di Agrumi
franz. Miel d'Agrumes

Vorkommen des Honigs im Alpenraum:
Venetien und Provence, in Hügelzonen, selten

Der Honig
Da die Honige der einzelnen Zitrusarten nur schwer voneinander zu unterscheiden sind, wird häufig der Sammelbegriff «Zitrushonig» für Honige von Mandarinen, Limonen, Zitronen, Orangen und Bergamotten verwendet. Die Honige zählen zu den häufigsten Honigen Italiens, meist stammen sie aus dem Süden des Landes, aber auch im mediterranen Klima des Alpensüdrandes gibt es kleinere Anbaugebiete. Zitrushonige sind in flüssigem Zustand sehr hell bis strohgelb, sobald sie kristallisieren, fast weiss bis elfenbeinfarben. Die Kristallisation erfolgt nicht sofort, sondern erst einige Monate nach der Ernte. Falls der Honig nicht cremig gerührt wird, neigt er häufig zur Trennung von flüssiger und fester Phase. Zitrushonige haben einen typisch floralen Geruch nach Orangenblüte. Der Geschmack ist von mittlerer Süsse und delikater Säure, hält allerdings nicht lange an. Zitrushonige gelten als pollenarm und können anhand des Pollenbildes eines Honigs nicht eindeutig als solche erkannt werden. Allerdings kann eine seiner Aromakomponenten, nämlich Methylantralinat, analytisch exakt nachgewiesen werden.

Die Pflanze
Zitruspflanzen, lat. *Citrus spp.*, zählen zur Familie der Rautengewächse, *Rutaceae*. Sie stammen ursprünglich aus den tropischen und subtropischen Zonen Asiens. In der Folge der Feldzüge Alexanders des Grossen gelangten einige Arten von ihnen nach Kleinasien. Jahrhunderte später begannen arabische Siedler die exotische Pflanze auch in ihren eroberten europäischen Gebieten anzubauen. Zitruspflanzen sind immergrüne Bäume oder Sträucher mit einer Wuchshöhe von 5 bis 25 Metern. Die Blüten sind weiss, und die Früchte färben sich je nach Art grün, gelb oder orange. Die jungen Zweige sind grün, kantig und haben einen dreieckigen Querschnitt. In der Blattachsel sitzen eine Knospe und manchmal auch ein Dorn. Die Blüten sind einzeln oder in doldenartigen, traubigen Blütenständen zusammengefasst. Je nach Wachstumsrhythmus blühen Zitruspflanzen zu einer bestimmten Jahreszeit oder auch verteilt über das ganze Jahr.

Sonnenblume.

Anhang

SCHWEIZER BIENENHONIG
SCHWEIZER BIENENHONIG
SCHWEIZER BIENENHONIG
BIENENZUCHTERVEREIN BEIDER B
SCHWEIZER BIENENHONIG
MIEL SUISSE
MIEL DU PAYS
BIENENHONIG

Wörterbuch der Imkerei

Deutsch	Italienisch	Englisch	Französisch	Slowenisch
Abdeckung	coprifavo	honeycomp cover	couvre-cadre	pokrov
abfüllen in Gläser	confezionare in vetro	fill in glas	mettre en pots	polniti kozarce
Ableger	nuclei	nucleus	nucléi, ruchette, ruche fille	narejenec
Absperrgitter	escludi regina	queen excluder	grille à reine	matična rešetka
Abstandshalter	distanziatore	frame spacer	écarteur	distančnik
Ameisen	formiche	ants	fourmis	mravlje
Ammenbiene	nutrice	nurse bee	nourricière	čebela dojilja
Arbeiterbiene	operaia	worker bee	ouvrière	čebela delavka
Art	specie	species	espèces	vrsta
Baum	albero	tree	arbre	drevo
befruchten	fecondare	fertilize	féconder	oploditi
Befruchtung	fecondazione	fertilization	fécondation	oploditev
begatten	accopiarsi	mate	copuler, féconder	oprašiti
Begattung	accoppiamento	copulation	copulation, accouplement	oprašitev
Begleitbienen	pacco d'api	package bees	paquet d'abeilles	paketne čebele
Bein	zampa	leg	pied	noga
Besen, Bürste	spazzola	brush	balai	krtača
bestäuben	impollinare	pollenize	polliniser	oprašiti
Bestäubung	impollinazione	pollination	pollinisation	opraševanje
Bestäubungsdienst	servizio di impollinazione	pollination service	service pollinisation	opraševalna služba
bewegliche Rähmchen	telaini mobili	movable frames	rayons mobile	premični satniki
Bienenabstand	spazio d'ape	bee space	espace d'abeille	čebelji razmik
Bienengift	veleno	venom	venin	čebelji strup
Bienenprodukte	prodotti dell'alveare	bee products	produits d'abeille	čebelji pridelki
Bienenstand	apiario	apiary	rucher	čebelnjak
Bienensterben	mortalità delle api	bee extermination	mortalité des abeilles	umiranje čebel
Bienenstich	puntura	sting	piqûre d'abeille	čebelji pik
Bienenwanderung	nomadismo	transhumance	transport d'abeille	prevažanje čebel
Biene	ape	bee	abeille	čebela

Deutsch	Italienisch	Englisch	Französisch	Slowenisch
Bienenabstand	spazio d'ape	bee space	espace d'abeille	čebelji razmik
Bienenbrot	polline	bee bread	pain d'abeilles	čebelji kruhek
Bienenflucht	apiscampo	bee escape	chasse-abeille	begalnica
Bienengift	veleno d'api	bee venom	venin	čebelji strup
Bienenkiste, Beute	arnia	hive	ruche	panj
Bienenrähmchen	telaino	frame	cadre	satnik
Bienenstand	apiario	hive stand	rucher	stojišče čebel
Bienenstock	alveare	apiary (bees and hive)	ruche	panj
Bläulingszikade	Metcalfa pruinosa	Metcalfa pruinosa	Metcalfa pruinosa	medeči škržat
Blühbeginn	inizio fioritura	start flowering	debut floraison	začetek cvetenja
Blüh-Ende	fine fioritura	end flowering	fin floraison	konec cvetenja
Blüte	fiore	blossom	fleur	cvet
Blütenblatt	petali	petal	pétale	cvetni list
Blütenkelch	calice d'un fiore	calyx of the flower	calice de fleur	cvetna čaša
Brut	covata	brood	couvain	zalega
Brut, verdeckelt	covata opercolata	capped brood	couvain couvert	pokrita zalega
Brut, offen	covata aperta	open brood	couvain ouvert	odprta zalega
Brutnest	nido	brood nest	nid	gnezdo
Brutraum	nido	brood box (chamber)	corps de ruche	plodišče
Buckfast	buckfast	buckfast bee	buckfast	buckfast
Busch, Strauch	arbusto, cespuglio	bush, shrup	arbuste	grm
Buschwald	macchia (mediterranea)	scrup	maquis	makija
Carnica	carnica	carnolean bee	abeille carnolienne	kranjska čebela
Dach	tetto	roof	toit de ruche	streha
Darm	intestino	intestines	intestin	črevo
Drohne	fuco	drone	mâle, faux-bourdon	trot
drohnenbrütig	regina fucaiola	drone laying	reine bourdonneuse	trotovka
Drohnensammelplatz	luogo di raduno dei fuchi	drone congregation area	zone de mâles rassemblement	trtovišče
Drohnenwabe	favo di fuchi	drone comp	rayon de mâles	trotovina
Dunkle Europäische Biene	Apis mellifera mellifera	Apis mellifera mellifera	Apis mellifera mellifera	temna čebela
Durchfall	dissenteria/diarrea	dysentery	diarrhée	griža

Deutsch	Italienisch	Englisch	Französisch	Slowenisch
Ei	uova	egg	œuf	jajce
Eiablage	ovideposizione	egg laying	ponte	zaleganje
einbetteln	perdersi	drifting	s'égarer	sprositi se
entdeckeln	disopercolare	uncap	désoperculer	odkrivati
Entdeckelungsgabel	forchetta disopercolatrice	uncapping fork	fourchette à désoperculer	vilice za odkrivanje
Entdeckelungsmesser	coltello disopercolatore	uncapping knife	couteau à désoperculer	nož za odkrivanje
Entdeckelungswachs	opercoli	capping wax	opercules	pokrovčki
erforschen	ricercare	investigate	rechercher	raziskovati
ernähren	nutrire	feed	nourrir	hraniti
Familie	famiglia	family	famille	družina
Fass	fusto	barrel	tonneau	sod
Faulbrut, amerikanische	peste americana	american foulbrood	loque américaine	huda gniloba
Faulbrut, europäische	peste europea	european foulbrood	loque européenne	pohlevna gniloba
Feind	nemico	enemy	ennemi	sovražnik
Fettkörper	corpo grasso	fat body	corps adipeux	maščobno telo
Fichtenholz	legno d'abete rosso	pinewood	bois de sapin rouge	smrekovina
Filtern	filtrazione	filtering	filtrer	filter
Flug	volo	flight	vol	let
Flügel stutzen	amputare l'ala	clipping	couper les ailes	krajšati krila
Fruchtwechsel	rotazioni colturali	crop rotation	assolement	rotacija kultur
Fühler	antenna	antenna	antenne	tipalnica
füllen	invasare	pour into jar	remplir	napolniti
Füllen	invasettamento	filling	remplissage	polniti
Gattung	ordine	order	genre	red
Gelee royale	pappa reale	royal jelly	gelee royale	matični mleček
Glas	vaso	glass	verre	kozarec
Hinterleib	addome	abdomen	abdomen	zadek
Hochzeitsflug	volo nuziale	mating flight	vol nuptial	paritveni izlet
Honig	miele	honey	miel	med
Honigblase	borsa melaria	honey sac	jabot	medna golša
Honigessig	aceto di miele	honey vinegar	vinaigre de miel	medeni kis
Honigpotential	potentiale mellifero	honey potential	potentiel de miel	medeni potencijal
Honigraum	melario	honey super	miellerie	medišče

Deutsch	Italienisch	Englisch	Französisch	Slowenisch
Honigschleuder	smielatore	honey extractor	extraxteur	točilo
Honigtau	melata	honeydew	miellat	mana
Hormone	ormoni	hormones	hormones	hormoni
Hummel	bombo	bumblebees	bourdon	čmrlj
Imker	apicoltore	beekeeper, apiarist	apiculteur	čebelar
Imkerei	apicoltura	beekeeping	apiculture	čebelarstvo
Imkerausstattung	attrezzatura apistica	equipment	équipement d'apicultuer	čebelarska oprema
Imkerhandschuhe	guanti da apicultore	bee glove	gant d'apiculteur	čebelarske rokavice
Imkernetz	maschera da apicultore	bee veil	chapeau-voile	čebelarski klobuk
Imkermaterial	materiale apistico	material	matériel d'apiculteur	čebelarski pribor
Insektenbestäubung	impollinazione entomofila	insect pollination	pollinisation par insecte	opraševanje po žuželkah
Kalkbrut	covata calcificata	chalkbrood	couvain platré	poapnela zalega
Kanne, Eimer, Kübel	bidone per miele	bucket	seau	posoda za med
Klotzbeute	bugno rustico	loghive	tronc d'arbre	votlak
Königin	regina	queen	reine	matica
Königinnenkäfig	gabbietta vivaio	nursery cage	cage à reine	matičnica
Krankheit	malattia	disease	maladie	bolezen
kultiviert	coltivata/domestica	domestic	cultivé	kultiviran
Kulturflora	flora coltivata	cultivated flora	flore cultivée	kulturne rastline
Kunstschwarm	sciame artificiale	artificial swarm	essaim artificiel	umeten roj
lagern	immagazzinare	store	stocker	vsaditi roj
Larve	larva	larva	larve	ličinka
Läuse	afidi	aphids	pucerons	uš
Ligustica	ligustica	italian bee	abeille italienne	italijanska čebela
lose, in Grossgebinden	sfuso	in bulk	en vrac	v sodih
Magen	stomaco	stomach	estomac	želodec
Mangel, keine Tracht	carenza	dearth	disette	brezpašno obdobje
männlich	maschio	male	mâle	trotovsko
Melissopalinologie	melissopalinologia	melissopolinology	mélissopalynologie	melizopalino-logija
Met, Honigwein	idromele	hydromel, mead	hydromiel	medica
Milbe	acaro	acarian, mite	acarien	pršica
Mittelwand	foglio cereo	comp foundation	plaque à cire gauffrée	satnica
nachhaltig	sostenibile	sustainable	durable	trajnosten

Deutsch	Italienisch	Englisch	Französisch	Slowenisch
Naturwabenbau	favo naturale	natural comp	rayon naturel	prosta gradnja satja
Nektar	nettare	nectar	nectar	nektar
nektarerzeugend	nettarifere	nectar producing	mellifère	medeče
Nervenystem	sistema nervoso	nervous system	système nerveux	živčni sistem
Neophyt	neofita	neophyte	néophyte	neofit
Nosema	nosemiasi	nosema	nosémose	nosemavost
Notfütterung	nutrizione di soccorso	emergency feeding	alimentacion d'urgence	zasilno krmljenje
Orientierungsflug	volo d'orientamento	orientation flight	vol d'orientation	orientacijski polet
Pflanze mit Nektar	pianta nettarifera	nectar plante	plante mellifère	medovite rastline
Pflanze mit Pollen	pianta pollinifera	pollen plante	plante pollinifère	rastline s pelodom
Parasiten	parassita	parasite	parasite	paraziti
Pflanze, krautige	pianta erbacea	herbaceous plant	plante herbacé	pleveli
Pollen	polline	pollen	pollen	pelod
Pollenfalle	trappola per polline	pollen trap	piége à pollen	osmukač
Pollenhöschen	pallottola di polline	pollen pellets	pelote	grudica peloda
produktiv	produttiva	productive	productif	produktiven
Propolis	propoli	propolis	propolis	propolis
Puppe	pupa	pupa	pupe, nymphe	buba
Rähmchen	telaino	frame	cadre	satnik
Rähmchen, beweglich	telaino mobile	moveable frames	cadre mobil	premični satnik
Rähmchen, fix	telaino fisso	fixed frames	cadre fix	nepremični satnik
Rasse	razza	race	race	rasa
rauben	saccheggiare	rob	piller	ropati
Rauchapparat	affumicatore	smoker	enfumoir	kadilnik
Reinigung der Beute	pulizia dell'alveare	clean the hive	nettoiement de la ruche	čiščenje panja
Reizfütterung	nutrizione stimolante	stimulative feeding	nourrissement spéculatif	dražilno krmljenje
Reproduktionsorgane	apparato genitale	reproductive organs	organe de reproduction	spolni organi
resistent	resistente	resistant	résistant	odporen
teilen	dividere	divide	partager	deliti
Tracht	flusso nettarifero	flow	miellée	paša
Tränke	abbeveratoio	drinking place	abreuvoir	napajalnik
Sammelbiene	bottinatrice	forager bee	butineuse	pašna čebela
sammeln	raccogliere	collect	butiner	nabirati
Sammeln	bottinatura	gathering	butinage	nabiranje

Deutsch	Italienisch	Englisch	Französisch	Slowenisch
saugen	succhiare	suck	sucer	sesati
schleudern	smielare, estrazione	extract honey	centrifuger	točiti
Schleuder	centrifugazione	extractor	extracteur	točilo
Schwarm	sciame	swarm	essaim	roj
Schwärmen	sciamatura	swarming	essaimage	rojiti
schwarmneigend	incline alla sciamatura	swarmaffin	enclin à essaimer	nagnjen k rojenju
Schwarmperiode	stagione degli sciame	swarming season	periode à essaim	čas rojenja
Schwarmtrieb	sciamatoria	swarm affinty	esssaimage	rojilni nagon
selbstbestäubend	autofertile	self pollinating	autoféconde	samooplodni
Sieb	setaccio	sieve	tamis	sito
Siebröhrensaft	linfa	sap	sève	drevesni sok
Sirup	sciroppo	syrup	sirop	sirup
Spontanflora	flora spontanea	spontaneous flora	flore spontanée	spontana flora
Sprache	linguaggio	language	langage	jezik
Stachel	pungiglione	sting	dard	želo
stechen	pungere	sting	piquer	pičiti
Stockmeissl	leva stacca-favi	hive tool	lève-cadre	čebelarsko dleto
Stoffwechselprodukte	prodotti del metabolismo	metabolic products	produits du métabolisme	produkti metabolizma
Strohkorb	arnia di paglia (bugno)	shephive	ruche en paille	slamnati koš
Suchbienen	esploratrice	scout bees	éclaireuse	čebele izvidničarke
Überschuss	eccesso	surplus	surplus	višek
überwintern	invernare	winter	hiverner	prezimiti
umlarven	trasferire	graft	greffer	cepiti ličinke
umweiseln	trasferire	requeen, graft	greffer, remérage	prelegati
unbegattet	vergine	virgin, unmated	vierge	deviški, neoplojen
unfruchtbar	sterile	infertile	infertile	nerodoviten
Unterart	sottaspecie	suspecies	sous-espèces	podvrsta
Varroa	varroa	varroa mites	varroa	varoja
Ventilation	ventilazione	ventilation	ventilation	ventilacija
Verarbeitungsraum	laboratorio	work room	laboratoire	delavnica
Verbreitung	diffusione	diffusiveness	diffusion	razširjenost
verdeckeln	opercolare	seal	operculer	pokriti z voskom
Verfügbarkeit	reperibilità	availability	disponibilité	razpoložljivost
Verpacken	confezionamento	packaging	emballer	pakirati

Deutsch	Italienisch	Englisch	Französisch	Slowenisch
Vespa velutina	Vespa velutina	Vespa velutina	frelon asiatique	azijski sršen
Virus	virus	virus	virus	virus
Volk	colonia	colony	colonie	čebelja družina
Wabe	favo	comb	rayon	sat
Wabenbau	construzioni edili	builder	construction de la gaufre	gradnja satja
Wachs	cera	wax	cire	vosek
Wachsdeckel	opercolo	operculum	opercule	pokrov iz voska
Wachsdrüsen	ghiandole	glands interinale	glandes cirières	voskovne žleze
Wachstum	sviluppo	growth	croissance	rast
Wächterbiene	guardiana dell'alveare	guard bees	gardienne	čebela stražarka
Wald	bosco, boschi, foresta	forest, wood	forêt	gozd
Wanderimker	apicoltore nomade	nomadic beekeeper	apiculteur transhumant	prevaževalec čebel
Wanderimkerei	apicoltura nomadi	nomadic beekeeping	transhumance	prevozno čebelarstvo
Wärmekammer	camera calda	warming cabinet	chambre chaude	toplotna komora
weisellos	orfano	queenless	orphelin	brezmatičen
Weiselzelle	celle reali	queen cell	cellule royale	matičnik
weitergeben	travasare	transfer	faire passer	dati dalje
Wespe	vespa	wasp	guêpe	osa
wild	selvatico	feral	sauvage	divji
Winternest	glomere invernale	winter cluster	grappe d'hivernage	zimsko gnezdo
Zarge	arnia	super	hausse	naklada
Zellen	cellette	cells	alvéole	celice
Zucht	allevamento	breeding	élevage	vzreja
züchten	allevare	rear	faire l'élevage	vzrejati
Zuchtstock	arnia d'allevamento	bredder hive	ruche d'élevage	rejnik
Zusammenhang	legame	link	relation	zveza
Zwischenraum	interstizo	bee space	interstice	čebelji razmik

Bezugsadressen für seltene Sortenhonige

Heidekraut- und Tannenhonig
Wanderimkerei Martin Dettli
Gempenring 122
CH-4143 Dornach
dettli@summ-summ.ch

Alpenrosenhonig
Gion Grischott
Haus Kwango
CH-7443 Pignia
g.grischott@khr.ch

Waldhonig
Bio-Imkerei Aquilin Moser
Rohrbachschlag 40
A-8234 Rohrbach/Lafnitz
www.bioimkerei-moser.at

Edelkastanienhonig
Imkerei Franc Šivic
Šempas 70
SI-5261 Sempas pri Novi Gorici
franc@silvaapis.si

Strandfliederhonig
Apicoltura Riccardo Stefani
Via Altinate 21
I-30039 San Pietro di Stra (VE)
info@apeagricola.it

Löwenzahnhonig
Imkerei Reiner Schwarz
Staudacher Strasse 2
D-83250 Marquartstein
www.imkerei-schwarz.de

Buchweizenhonig
Imkerei Erich Wieser
Brunngasse 10
A-2540 Bad Vöslau/Gainfarn
www.imkerei-wieser.at

Ebereschen- und Ahornhonig
Apicoltura Dreosti
Corrado Dreosti
Borgo Plos 168, Susans
I-33030 Majano (UD)
www.apicolturadreosti.com

Baumheidehonig
Apicoltura Zipoli
Sergio Zipoli
Via Roma 4
I-26014 Romanengo (CR)
www.apicolturazipoli.it

Wildlavendel- und Bohnenkrauthonig
Les Ruchers de Cipières
Philippe Coste
235, route de Greolierès
F-06620 Cipières
www.lesruchersdecipieres.com

Steinweichsel- und Götterbaumhonig
Apicoltura Silvan Ferfolja
Via 25 Aprile, 10
I-34070 Doberdò del Lago (GO)
www.mielelandacarsica.it

Schneeheidehonig
Agriturismo La Sloda
Renato Panciera
Via S. Andrea 20
I-Val di Zoldo (BL)
www.lasloda.com

Thymianhonig
Ambiente Grumei
Sergio Giovannoni
Frazione Cherolinaz
I-11020 Verrayes (AO)
www.ambientegrumei.it

Weitere Bezugsadressen

H. Schwarzenbach
Münstergasse 19
CH-8001 Zürich
www.schwarzenbach.ch

Alpuris
Gempenring 21 b
CH-4143 Dornach
www.alpuris.com

Unikatessen am Corso
Brühlgasse 35
CH-9000 St. Gallen
www.unikatessen.com

Werkraum Honig
Heiligenstädter Strasse 189-191
A-1190 Wien
www.landschaftshonig.at

Julius Meinl am Graben
Graben 19
A-1010 Wien
www.meinlamgraben.at

Wirtshaus Steirereck am Pogusch
Pogusch 21
A-8625 Pogusch
www.steirereck.at

Dallmayr
Dienerstrasse 14-15
D-80331 München
www.dallmayr.com

Bibliographie

ADAMO, Corrado: Apicoltura in Valle d'Aosta, Le Château Edizioni Arvier

ANONYM: «Die curiöse Köchin» oder «Das kleine Nürnberger Kochbuch», Büggel & Seitz, Nürnberg

ARMBRUSTER, Ludwig: Die alte Bienenzucht in den Alpen, Verlag von Karl Wachholtz, Neumünster

ASSOCIAZIONE MUSEO DELL'AGRICOLTORA DEL PIEMONTE: Passate e presente dell'apicoltura subalpina, Teatro Regio, Torino

BETHOUX, Pierre: Histoire du miel et de l'apiculture, Editions C. Alzieu, Grenoble

BOLE, Petra: Living Together – About Bees and Mankind, Museum of Apiculture, Radovljica

BRUGGER, Christine: Geschmacksbegegnung Apfel, Edition Cucina e Libri, Zürich

CIVAROLO, Riccardo: Atlante Del Miele, Hoepli, Milano

CRANE, Eva: The World History of Beekeeping and Honey Hunting, Routledge, London

CRANE, Eva: A book of honey, Oxford University Press, Oxford

DUTLI, Ralph: Das Lied vom Honig, Wallstein, Göttingen

FLAMMER, Dominik, MÜLLER, Sylvan: Das kulinarische Erbe der Alpen, AT Verlag, Aarau

FOSSL, Annemarie: Die Bienenweide des Ennstals, Naturwissenschaftlicher Verein Steiermark, Graz

FOSSL, Annemarie: Die Bienenweide der Ostalpen, Naturwissenschaftlicher Verein Steiermark, Graz

VON FRISCH, Karl, LINDAUER, Martin: Aus dem Leben der Bienen, Springer, Berlin

GENAUST, Helmut: Etymologisches Wörterbuch der Pflanzennamen, Nikol-Verlag, Hamburg

GONNET, Michel: Analyse sensorielle descriptif de quelques miels, Editions Abeille de France, Paris

GRUBER, Johannes, WESELEY, Nina: Die Reise des Wanderimkers, Löwenzahn-Verlag, Innsbruck

GYR, Martin: Einsiedler Volksbräuche, Buchdruckerei «Neue Einsiedler Zeitung», Einsiedeln

HASTERLIK, Alfred: Der Bienenhonig als Ersatzmittel, Hartleben's Verlag, Wien und Leipzig

HAUSER, Alberg, GALLE, Sara: «Gebts über tisch warm für gest», Das Kochbuch von 1581 aus dem Stockalperarchiv, Geschichtsforschender Verein, Oberwallis, Brig

HEINZMANN, Johann Georg: Beschreibung der Stadt und Republik Bern, bey der typograph. Societät, Bern

HORN, Helmut, LÜLLEMANN, Cord: Das grosse Honigbuch, Kosmos, Stuttgart

JACOBI, Johann Georg Friedrich: Allgemeines Waaren- und Handlungslexicon bei Johann Daniel Glass, Heilbronn am Neckar und Rothenburg

KRÜNITZ, Johann Georg: Oekonomische Encyklopädie, Berlin

KÜSTER, Hansjörg, Geschichte des Waldes, C.H. Beck, München

LERNER, Franz: Blüten, Nektar, Bienenfleiss, Ehrenwirt, München

LETSCH, Walter: Ein schön Kochbuch 1559, Das älteste deutschsprachige Kochbuch der Schweiz, Kommissionsverlag Desertina, Chur

LIEBIG, Gerhard: Die Waldtracht, TC Druck, Stuttgart

LIPPMANN, Edmund Oskar: Geschichte des Zuckers, Max Hesse's Verlag, Leipzig

MAURIZIO, Anna, GRAFL, Ina: Das Trachtpflanzenbuch, Ehrenwirt, München

MINTZ, Sidney W.: Die süsse Macht, Kulturgeschichte des Zuckers, Campus Bibliothek, Frankfurt

OZENDA, Paul: Die Vegetation der Alpen im europäischen Gebirgsraum, Gustav-Fischer-Verlag, Stuttgart

PAJUELO, Antonio Gómez: Mieles de España y Portugal, Montagud Editores, Barcelona

PRITSCH, Günther: Bienenweide, Kosmos, Stuttgart

RÜDIGER, Wilhelm: Ihr Name ist Apis, Ebner, Ulm

RUTTNER, Friedrich: Naturgeschichte der Honigbienen, Kosmos, Stuttgart

SCHENK, Carl: Lebensvorgänge und Lebensmittel, Walter-Loepthien-Verlag, Meiringen

SCHUH, Gotthard: Tirggel – ein altes Weihnachtsgebäck, Verlag Amstutz & Herdeg, Zürich/Leipzig

SOODER, Melchior: Bienen und Bienenhalten in der Schweiz, Verlag G. Krebs, Basel

SPYCHER, Albert: Leckerli aus Basel – Ein oberrheinisches Lebkuchenbuch, Buchverlag Basler Zeitung, Basel

SPYCHER, Albert: «Back es im Öflein oder in der Tortenpfann», Schwabe, Basel

SPYCHER, Albert: Ostschweizer Lebkuchenbuch, Appenzeller Verlag, Herisau

STEINMÜLLER, Johann Rudolf: Beschreibung der schweizerischen Alpen- und Landwirthschaft, Verlag Steiner, Winterthur

STORL, Wolf Dieter: Wandernde Pflanzen, AT Verlag, Aarau

WELTI-TRIPPEL, Dorothea: «Allerhand Confect lattwerig-Werk und eingemachte Sachen» (Faksimile), Historische Vereinigung des Bezirks Zurzach, Zurzach

WAGNER, Christoph: Süsses Gold, Verlag Christian Brandstätter, Wien

ZANDER, Maurizio: Der Honig, Verlag Eugen Ulmer, Stuttgart

ZOGG, Annemarie, HIRT, Robert: Zürcher Gebäckmodel, Verlag Paul Haupt, Bern

GRUBER, Johannes, WESELEY, Nina: Die Reise des Wanderimkers, Löwenzahn-Verlag, Innsbruck, 2017
264 Seiten. ISBN: 978-3706626118

Bereits 2017 hat Johannes Gruber mit «Die Reise des Wanderimkers» beim österreichischen Löwenzahn-Verlag ein erstes Buch über Honige der Ostalpen vorgelegt. Ein Buch über Honige und Landschaften und über die Leidenschaft zahlreicher österreichischer Imkerinnen und Imker. Es wurde sozusagen der Vorläufer für das hier vorliegende Buch «Honig der Alpen».

BOLE, Petra: Living Together – About Bees and Mankind, Museum of Apiculture, Radovljica, 2021
300 Seiten. ISBN: 978-961-6687-21-8

In ihrem Buch über die Arbeit der slowenischen Imker und insbesondere über die Geschichte der slowenischen Pioniere der Imkerei hat Petra Bole, Direktorin des slowenischen Imkereimuseums in Radovljica ein faszinierendes Panoptikum vorgelegt. Im Buch wird die vielseitige Sammlung des Museums vorgestellt, darunter insbesondere der wohl grösste Bestand an traditionell bemalten Flugbrettchen, die innerhalb der alpinen Imkerei einzigartig und nur in Slowenien verbreitet sind. Das Buch erzählt die bemerkenswerte Geschichte der Beziehung des Menschen mit der Biene aus einer völlig neuen Perspektive.

Abbildungsverzeichnis

Sämtliche Fotos stammen von Sylvan Müller, mit Ausnahme der folgenden Abbildungen:

Digitale Quellen

honeytraveler.com
cra-api.it/online/mieli/index.html
ages.at/fileadmin/_migrated/content_uploads/Abschlussbericht_Metcalfa_Pruinosa_Bienenzucht_SRL.pdf
IdcService=GET_PDF_FILE&RevisionSelectionMethod=LatestReleased&dDocName=022329
honeytraveler.com
mieliditalia.it
mieliditalia.it/mieli-e-prodotti-delle-api/mieli-italiani/81219-i-mieli-millefiori-della-provincia-di-brescia
giornatadelmiele.it
informamiele.it
cra-api.it/online/mieli/html/7_mappa.html
aspromiele.it
miels-de-provence.com
agroscope.admin.ch/dam/agroscope/en/dokumente/themen/nutztiere/bienen/descriptiveSheets.pdf.
download.pdf/descriptiveSheets.pdf
agroscope.admin.ch/dam/agroscope/de/dokumente/themen/nutztiere/bienen/sortenhonig-alp.pdf.
download.pdf/alpforum_23_d.pdf
imker-bayern.de/honigsorten.html
guide-du-miel.com/lesmiels.html
apiservices.biz/fr/bases-de-donnees/flore-apicole-mondiale
zidapps.boku.ac.at/abstracts/download.php?dataset_id=12312&property_id=107
zobodat.at/pdf/OEKO_1988_3_4_0033-0037.pdf
zobodat.at/pdf/VZBG_141_0001-0011.pdf
zobodat.at/pdf/MittNatVerSt_104_0087-0118.pdf
zobodat.at/pdf/MONO-LAND-OEKO_MLO4_0077-0078.pdf
umweltbundesamt.at/fileadmin/site/publikationen/M081.pdf
bmlfuw.gv.at/umwelt/natur-artenschutz/feuchtgebiete/ramsar/waldviertl.html
naturerlebnis-lafnitztal.at/fileadmin/user_upload/naturfu__hrer_lafnitztal.pdf
bmlfuw.gv.at/umwelt/natur-artenschutz/feuchtgebiete/ramsar/lafnitztal.html
bfw.ac.at/040/pdf/1818_pi6.pdf
bfw.ac.at/db/bfwcms.web?dok=1144
ages.at/fileadmin/_migrated/content_uploads/Nektarertragspotential_von_Rapskulturen_in_Österreich.pdf
bestaeubungshandbuch.at/Bestaubungshandbuch01.pdf
risk.boku.ac.at/OPAL/HP/index3204.html?page_id=7
bushfarms.com/beesterms.htm
apiservices.biz/documents/articles-fr/miel_composition_production.pdf
apicolturaonline.it/dizionario/cin.htm
aspromiele.it/index.php/apicoltura-piemontese/storia-e-tradizioni/20223-miele-del-monterosa

Autoren

Johannes Gruber arbeitet als Wanderimker. Dem Honig und den Bienen verfallen ist er schon seit seiner Kindheit auf dem elterlichen Bauernhof im oststeirischen Markt Hartmannsdorf. Bevor er sich in seiner alten Heimat hauptberuflich den Bienen und der Honiggewinnung zu widmen begann, war der ausgebildete Önologe und Pomologe zwanzig Jahre in der Weinbranche tätig. 2017 veröffentlichte er sein erstes Buch unter dem Titel «Die Reise des Wanderimkers», das im österreichischen Löwenzahn-Verlag erschienen ist.

Dominik Flammer ist Essensforscher und Buchautor und beschäftigt sich seit dreissig Jahren mit der Geschichte der Ernährung. Seine Bücher und Filme sind international mit unzähligen Preisen ausgezeichnet worden. Im Mittelpunkt seiner Arbeit steht das kulinarische Erbe des Alpenraums und dabei insbesondere die engere Zusammenarbeit zwischen der Landwirtschaft und der Gastronomie. Flammer ist Inhaber der Zürcher Agentur Public History Food. Er ist der Initiator des «Culinarium Alpinum», das seit Herbst 2020 im ehemaligen Kapuzinerkloster in Stans im Kanton Nidwalden seine Pforten geöffnet hat.

Sylvan Müller ist seit dreissig Jahren als Fotograf tätig. Er arbeitet vornehmlich an seinen vielbeachteten Langzeitprojekten wie beispielsweise dem kulinarischen Reisetagebuch «Japan – Kochreisefotobuch», «Leaf to Root» oder dem «kulinarischen Erbe der Alpen» sowie an zahlreichen Ausstellungen im In- und Ausland. Seine Bilder bestechen durch einen unaufgeregten und äusserst reduzierten Stil und sind in mehreren international ausgezeichneten Büchern zu bewundern. Neben seiner Arbeit als Fotograf und Buchautor pflegt er in Katalonien einen kleinen Rebberg, importiert dabei auf dem Heimweg Austern aus Südfrankreich, führt in Luzern ein Restaurant und arbeitet neu auch als Ausstatter für die Oper.

Text: Johannes Gruber, Dominik Flammer, publichistory.ch
Fotografie: Sylvan Müller, sylvanmueller.ch
Historische Bildrecherche: Monica Rottmeyer, publichistory.ch
Honigstyling: Christian Splettstösser, dersplett.com
Dolmetscherin: Natalia Szeier
Layout und Satz: Patricia Schwarzenbach, Zollikon
Digitale Bildbearbeitung: Simon Eugster, simon-eugster.ch,
und Christian Spirig, bilderbub.ch
Korrektorat: Ursula Klauser, bueroklauser.ch
Druck und Bindearbeiten: Printer Trento, Trento
Printed in Italy

ISBN 978-3-03902-092-8

www.at-verlag.ch

Der AT Verlag wird vom Bundesamt für Kultur für die Jahre 2021–2024 unterstützt.